ドキュメンタリーの現在

九州で足もとを掘る

臼井賢一郎
Usui Kenichiro
神戸金史
Kanbe Kanehumi
吉崎　健
Yoshizaki Takeshi

石風社

装丁・カバー写真　毛利一枝

ドキュメンタリーの現在　九州で足もとを掘る◉目次

終わらないテーマを追い続けて　吉崎健

ドキュメンタリーの現在　九州で足もとを掘る

「プロローグ」九州のドキュメンタリーシーン

神戸　金史（RKB毎日放送・記者）

ネット時代のドキュメンタリー

誰でも映像で表現できる時代——。

キッズ@niftyの調査によると、小中学生が夢見る職業のトップは「マンガ家・イラストレーター・アニメーター」（10％）。「ユーチューバー」「声優」（各4％）も続き、映像時代にふさわしい職種が並んでいる。

これら映像系を除けば、「医者」「学校の先生」（各5％）、「歌い手」「シェフ・パティシエ」「保育士」（各4％）と、以前とそれほど変わらない（ITmediaビジネスオンライン、2022年4月6日）。

定額料金で映像コンテンツを一定期間「利用」するサブスクリプションも当たり前となり、映画やアニメがネットでいくらでも見られるようになった。映像環境の変化は、私たちの身近な暮らしを大きく変えた。

ドキュメンタリーはどうだろう。

「堅い」「古い」「長い」「楽しくない」。そう思われている映像ジャンルに、人気ドラマや映画のようなニーズがあるとは思えない。だが、リアリティを望む声は少なからずある。ネットはすそ野が広いだけに、ドキュメンタリーの展開に可能性は十分ある、と私は思っている。ドキュメンタリーに求められるのは質、それをもたらす熱だ。民放の制作現場は急激に厳しくなっていて、番組の出し口は地上波ではなくネットになっていくかもしれないが、ドキュメンタリー自体の存在価値は案外変わらないようにも思う。

ローカルだからこそ

「何のためにこの仕事に就いたのか」と質問されて、「勤務先を大きく成長させたいから」と答える人は、私の仲間にはほとんどいないだろう。それより、「自分が大事だと思うことを伝えたいから」「光の当たらない問題を広く世に知らせたいから」などの選択肢にチェックを入れる人が多いはずだ。会社での栄達より自分の表現内容が大事であり、自分の利害を優先させるのでなく他人のための仕事がしたい。つまり、社会では少数派のタイプがドキュメンタリーの主な作り手だったと言えよう。

この本は、民放報道記者出身の2人と、ＮＨＫの番組ディレクターの計3人で主に執筆した。私たちは九州に軸足を置き、ドキュメンタリーを制作してきた。多くの作り手がひしめく東京のキー局より、九州こそ制作するチャンスはむしろ多いかもしれない。「ローカルだからこそできることがある」とも思っている。

社会のゆがみは、地方から現れてくる。長崎原爆、産炭地と閉山、水俣病闘争、沖縄戦の犠牲と戦後の基地問題、相次ぐ水害、雲仙噴火災害に熊本地震……。時代ごとに九州・沖縄に生きる人の激しい生きざまがうねる。この出版を企画した石風社の福元満治《みつじ》さんは学生時代から水俣病闘争に関わり、運動の核心にいた作家・石牟礼道子を見続けてきた。座談会で福元さんは「石牟礼道子という存在がなければ、水俣病事件は（単なる）損害賠償請求事件にとどまったのではないか」と指摘し、東日本大震災の被災地にも石牟礼のような人物がいるのかもしれないと話してこう続けた。

「ドキュメンタリーの仕事は、そういう人を発見するところにあるのかもしれない。東北にも、石牟礼道子とか原田正純（医師）とか渡辺京二（思想史家）がいる。そういう人を発掘して、ドキュメンタリーにしていく必要があるんじゃないか」（本書228ページ）

出版のための打ち合わせを重ねる中で、地元にこだわり続けた先人たちによって優れたノンフィクションやドキュメンタリー番組が生み出されてきたことを、私は実感を持って理解できた。今、私たちが見ている景色には、目に映らぬ背景があり、土壌がある。私たちは、実はその豊饒さに支えられて番組を作ってきたのではないか。そんな思いを抱いた。

九州には、ドキュメンタリーの濃い磁場がある。

福岡メディア批評フォーラム

「福岡メディア批評フォーラム」を私たちが始めたのは2006年末。放送局の系列の垣根を超えて、よいドキュメンタリーを視聴し、制作者に話を聞く勉強会だ。

きっかけは、NHKのETV特集で『もういちどつくりたい　～テレビドキュメンタリスト木村栄文の世界～』が全国放送されたことだった。木村栄文《ひでふみ》さん（1935～2011年）は、私の勤めるRKB毎日放送（本社・福岡市）に在籍していた番組ディレクターだ。通称エイブンさん。多様でアバンギャルドな作風。様々なコンテストで受賞を重ね、放送の世界で全国に名を知られた。

とは言え、エイブンさんはローカル民放の1ディレクターだ。その彼をNHKが取材して全国放送するという異色の番組だが、RKB社内で見た人が少なかったことから、私はNHK福岡の渡辺考《こう》ディレクターを招いて社内上映会を開くことにした。せっかくの機会なので、報道現場での仲間であり、ライバルでもあった九州朝日放送（KBC、本社・福岡市）の臼井賢一郎さんと樋口勝史カメラマンをはじめ、福岡の民放関係者に声をかけ、30人ほどがRKBの会議室に集まった。スクリーンに映像を映し、制作者の解説を聞いた。質問が相次ぎ、居酒屋に場所を移して熱っぽいドキュメンタリー談義が続いた。「こんなに面白いのだったら、またやりたい」「ならば各局から番組を持ち寄ろう」と盛り上がった。

平日の業務を終えてNHK福岡放送局に集まり、300インチの大ビジョンに映し出される番組に見入る。参加者は多い時でも20人程度だが、答える人も質問する人も同じ作り手。相次ぐ質問に、制作者は惜しみなく情報を提供する。「あのシーンを挟み込んだ編集の意図は何だったのか」「とても難しい取材対象のはずだが、相手をどう説得したのか」「私だったら別の構成にしたが、どうしてこの流れになったのか」。勤務先が違うことはほとんど意識に上らない。撮影したNHKの名物カメラマンに「どうしてあんなすごいカットが撮れたのか」と民放のカメラマンが質問攻めにした回もあった。映像に造詣の深い毎日新聞・矢部明洋記者や朝日新聞・佐々木亮記者も参加するようになった。パーキンソン病に悩まされていた晩年のエイブンさんに来ていただき、伝説のドキュメンタリー『まっくら』(1973年)を鑑賞した回は忘れがたい。

時を超えても変わらぬ思い

こんな「福岡メディア批評フォーラム」を、私たちはこれまでの16年間に50回開催してきた。いま幹事役を務めているのは、NHK吉崎健《たけし》ディレクター、KBC臼井賢一郎プロデューサー、そしてRKB記者の私だ。

幹事役のNHKディレクターが異動し下火になった期間もあるが、逆に転勤先の地域に飛び火した。渡辺考さんは東京で、TBS秋山浩之さんらと「青山会」をスタートさせた。渡辺さんから幹事を引き継いだ吉崎さんも、一時熊本に異動。「熊本メディア批評フォーラム」を立ち上げて、また福岡に戻ってきた。

実はエイブンさんたちも現役時代、社を超えた学び合いの場「九州放送映像祭」を開いていた。2012年にテレビ制作部に異動した私が、系列の九州・沖縄各局で制作局長・制作部長を務める世代と会った時、みな一様にエイブンさんとの思い出を熱く語ることに驚いた。会社は違うのに、みなエイブンさんの〝直弟子〟の意識を持っていた。合宿形式での映像祭に九州各地から集まった制作者が、酒を酌み交わしながら夜を徹して熱く語っていたという。

映像祭には民放だけでなく、NHKのディレクターも参加していた。エイブンさんから広がるネットワークが、九州での制作者の層の厚さをもたらしていたことを改めて感じた。私たちは意識せぬまま、エイブンさんたちと同じような取り組みを始めていたのだった。時を超えても、ドキュメンタリーへの思いは変わらない。

三者三様の番組スタイル

NHK吉崎健ディレクターは、大事なテーマにこだわり、取材に長い時間をかけて目の前にある事象の本質に迫ろうとする。番組は、ドキュメンタリーの「本道」を行くスタイルだ。眼前にそびえ立つような巨大な存在にも迫り（例えば石牟礼道子さん）、言葉と言葉のあわいにある微妙なニュアンスを映し出す。そのためには、東京への異動を時には断り、九州の現場にこだわってきた。10年単位の長い時間を経て、ディレクターのこだわりも熟成し、番組の射程は高く深くなっていく。

一方、ＫＢＣ臼井賢一郎プロデューサーの番組は、ニュース現場を起点とする。隠された事実を掘り起こしてまずローカルニュースでスクープ。全国放送のニュース番組で連打を放ち、一連の過程を番組にまとめていく。ファクトを積み上げて真っすぐ迫ってくる番組は、「直球」そのものだ。必要なインタビューが撮れたとしても、本音を探れていなければ、しつこく、しかし腰低く通い続ける。次第に相手はカメラの前で生の表情を見せる（例えば、元従軍慰安婦の韓国人ハルモニ）。

ＲＫＢの私は、もともとは新聞記者。活字・写真からテレビ・ラジオ、ＳＮＳなどのネットまで横断して表現を続けてきた。メディアのあり方を論じる番組が目立つのは、私の特徴の一つだ。また、必然性がある時には、私自身を「番組素材の一つ」とすることを厭《いと》わない。取材相手は、自分の妻や障害を持つ長男だったり、親友だったりする。取材者である私が何を考えたかを縦軸に置く一人称のスタイルは、ドキュメンタリーの世界では「変化球」だろう。


第1章「ドキュメンタリーの現場から」では、タイプの違う制作者3人がそれぞれ、どんな番組をどのように制作してきたかを記した（番組はどれも、福岡メディア批評フォーラムで鑑賞した作品だ）。だが番組は取材成果の結晶であり、現場では様々なことが起きている。番組には盛り込まれなかったエピソードや、取材者の感情がふんだんに記述された。お二人の原稿に目を通して、その現場に自分はいなかったのに立ち会っていたかのような感情の高まりを味わった。

分断をつなぐ　次世代につなぐ

だが、私たちはもう若くはない。次世代につなぐため、番組制作に関わってまだ数年の若い作り手に、私たちが作ってきた番組を見てもらった。何に共感し、どこに疑問を感じたか。遠慮のない、率直な意見交換をしてみた。また、若手と同じ年齢のころに私たちが直面した体験を、第3章「それぞれの原点」で記した。見えない九州の磁場にあてられ、知らず熱を帯びていた私たちが見てきた制作現場の裏側を、飾らず隠さず紹介したい。

座談会で、臼井さんは「取材は、人間に迫っていくこと。どんな取材でも、人間讃歌なのだ」と言った。それを聞きながら私は、取材相手の目に映る自分自身を思い浮かべた。「お前は、どんな人間なのか」。取材者は常にそれを問われていることを改めて自覚した。そして、吉崎さんはこう語った。

「問題を掘り下げることで、新しいものが見つかる。新しいものと新しいものが出会うと、何かが生まれる。分断が進む社会で、ドキュメンタリーを作るということは、分断の逆、人と人をつなげる役割を果たしているのではないか」

「福岡メディア批評フォーラム」に集まった制作者の思いを、ネット時代の映像表現に親しむ世代にもお届けしたい。

第1章　ドキュメンタリーの現場から

ニュース報道とドキュメンタリー

臼井　賢一郎（九州朝日放送＝ＫＢＣ・プロデューサー）

Ⅰ　闇に葬らせない！　白紙調書事件を追う

ニュースの現場には奇跡の出会いがある

自分の作品を振り返ってみる。一貫したテーマはない。多岐に及ぶというと聞こえは良いが、かなりバラバラな印象がある。

つまり、すべては『ニュースの現場』での出会いから始まっている。『ニュース屋』として、日々の偶然の出会いの中で、魅力ある生き様を貫いている人、強大な力に面して呻吟する人、喪失の中に生きる意味を問い続ける人……。様々に〝生きる〟人々に心を掴まれた時、その人に迫る、深掘りするという決意で、或いは、琴線に触れる感覚で取材に引き込まれていく。

警察の陰謀で不当に逮捕されたと訴える男性と婚約者のにわかには信じがたい話は、絶望の淵に立たされた人間の真剣な眼差しが発する凄みがあった。国家と国家に押しつぶされる個人という構図に慄然とした。

日本の戦後補償からこぼれ、歴史の闇に埋もれていたアジアの慰安婦の女性たちは、戦後50年あまり、日本に複雑な思いを抱きながら、時に拳を振り上げて叫び、時に涙を流し、時に日本人に気を配りながらも、生と死のはざまにあった人生の最終盤を誇らしく生きていた。

一人の日本人医師は、偶然に縁を得た西アジアの地で目の前の命を救うという志を一貫して変えることなく、ついに、国家規模の灌漑事業を成し遂げた後、突然逝った。医師の30年前の記録から、30年後に辿り着いた結実を照らし合わせる作業で、医師の生き様に息をのみ、頭を垂れた。

かつてない大雨災害で、妻子と孫の３人を一度に失った梨農家の男性は、突然の喪失から逃れるため、毎日、夜遅くまで梨の生育に没頭した。新人記者は男性の心の内を知りたいと幾度となく男性を訪ねた。そうして男性が少しずつ想いを語る姿から人間が生きていくことの根源的な意味を考えさせられた。


自分の作品、自分がプロデュースや統括した作品は、その時代、その時の社会情勢の荒波の中に生きる人間の沸き立つような生命の泡、人間が放つ強烈な輝き、煎じ詰めていくと、人間への共感、『人間賛歌』にたどりつく。

福岡を本拠とする地方民放の伝え手として、地域でどんな人が、どんなことに問題を感じているのか。どのような思いで生きているのか。地域の人々の暮らしを取材し、人々の声を聞き、考える。さらに、取材を重ねていくと、地域に留まらない日本の課題、世界に繋がる地球規模の課題も見えてくる。

私のドキュメンタリーの制作は、ニュースに向き合う過程の帰結である。

取材記者、ディレクター、プロデューサー、カメラマン、編集マン、カメラアシスタント、音効担当、果ては管理職まで、現場に身を置く全ての人間が自分自身を問われ学び取る長い時間。放送ジャーナリズムを研鑽するかけがえのない機会がドキュメンタリーの制作だ。

懸命の訴えに耳を澄ます

会社役員の男性が、一体何を伝えようとしているのか。最初はよくわからなかった。入社して7年目の1994年秋、私は警察の不正捜査の端緒を知ることになった。

当時私は、福岡県警担当のキャップを担っていた。九州朝日放送（以下、KBC）の県警担当記者は総勢6名でその統括責任者だ。捜査当局から情報を取るため、日夜奮闘するいわゆる「サツ回り」のリーダーである。

福岡の警察取材は地元メディア間の競争に加えて、全国紙と通信社、NHKの記者たちにとって、東京本社に行けるのかどうかの登竜門的な位置づけで、取材競争は熾烈である。あわせて福岡では、全国が注目する大型事件もしばしば発生することも相まって、厳しい取材合戦の連続であった。

福岡県警の『白紙調書事件』を追ったドキュメンタリー「捜査犯罪～白紙調書流用事件の構図」は、こうした環境で、警察の不正を追及した調査報道のドキュメンタリーだ。

＊「捜査犯罪～白紙調書流用事件の構図～」（1995年5月30日放送）
福岡県警南警察署に覚せい剤所持事件で逮捕され有罪判決を受けた会社役員の男性が、捜査に不正があるとして控訴した。捜査の不正とは、違法に作成した供述調書で強制捜査の捜索令状を取得したという疑惑であった。家宅捜索を受けた自宅から本人に関する詳細な捜査資料が見つかった。しかし、捜査資料には、会社役員に全く心当たりのない犯罪事実、場所が書かれていた。関係者、弁護士などの調べで捜査資料は、大麻所持容疑で逮捕された別の事件の女性容疑者による白紙調書に基づいていることが分かる。番組では、白紙調書によるでっち上げという権力犯罪を関係者の証言で追及した。テレビ、ラジオ両方で制作した。

関係者から打ち明けられた情報は、「覚せい剤事件で自宅のガサ（＝捜索）を受けて逮捕された友人の会社役員がいる。一審で懲役1年6か月の実刑判決を受けて控訴している。でも本人は『これは絶対に不正捜査だ』と言っている。話を聞いて欲しい」という懇請だった。

約束の喫茶店に出向くと、保釈中の会社役員は婚約者と共に着座していたが、挨拶を終えると、まくし立てるように話し出した。

「白紙調書を使ったでっちあげ逮捕です」

白紙調書とは何だ？　いきなり戸惑った。

会社役員の話によると、「自宅に警察の捜査資料と思われる文書が四つ折りになって残されていた。捜索から2週間後、自分の身柄が勾留されている時に婚約者が見つけた。文書の内容は自分が知らないことばかり書かれている」というものだった。

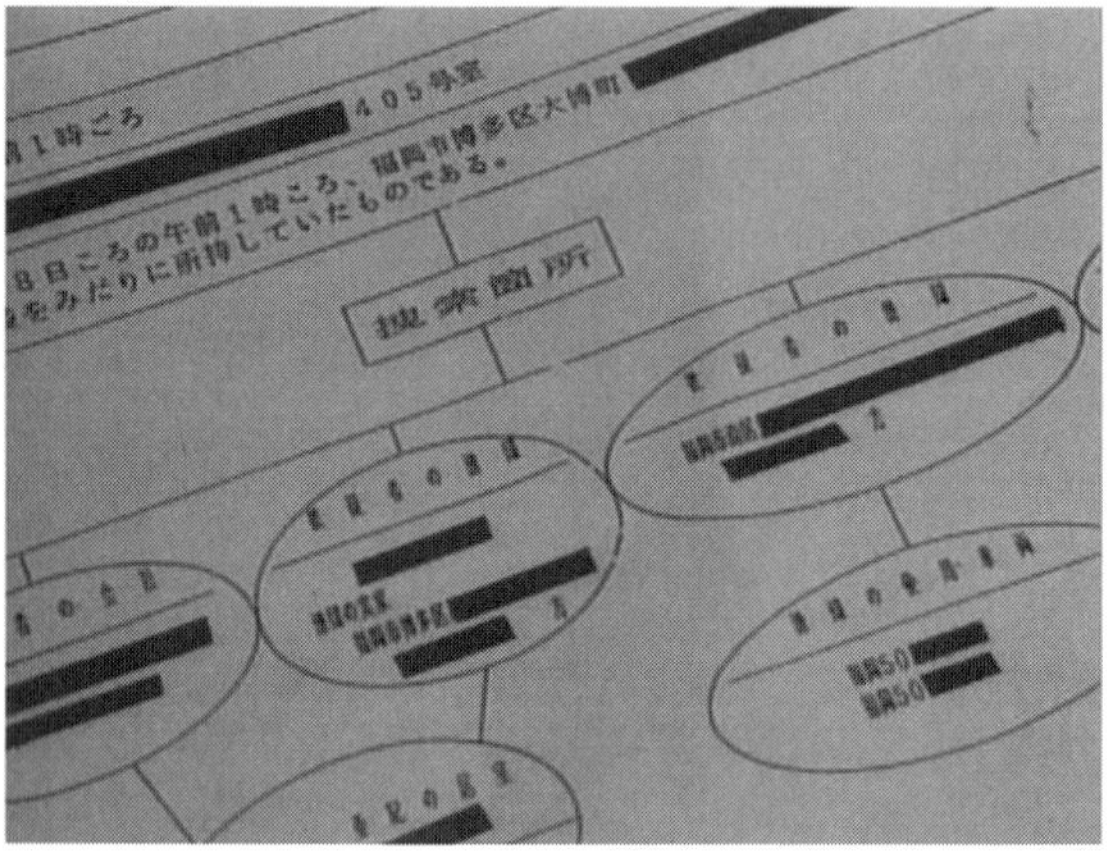

捜査資料

文書を見せてもらうと、会社役員の生年月日、住所、職業など基本的な事柄から、捜査の端緒、犯罪の日時、場所、事実が記載されていた。文書は、事件の全体像と家宅捜索の関係場所などを記す捜査のチャート図で、文書の右上には「南署保安　平成6年7月4日作成」と書かれ、警察の内部資料と考えられた。

会社役員と婚約者の説明は続いた。「何より疑問なのは、犯罪事実とされる欄に、『平成6年1月8日の午前1時ころ、福岡市博多区大博町のマンションの405号にポリ袋入り覚せい剤をみだりに所持していた』と書かれていたことで、その場所に行ったこともないし全く身に覚えはない。

しかも、なぜ、逮捕から6か月前のことが書かれているのか。不審なことばっかりだ」と語った。

会社役員と婚約者は、ひょっとすると犯罪場所とされた福岡市博多区のマンションに行ったことがあるかもしれないとも考え、マンションを確認したが、全く心当たりはなく、念を入れるため、マンションの管理人にも面会し、『自分のことを知っているか？』と尋ねたが、『初めてお会いします』という返答だったという。

会社役員たちは更に独自調査を続けた。

そのマンションには一体誰が住んでいたのか？

調べた結果、南警察署に大麻所持容疑で逮捕された後、起訴され、執行猶予の判決を受けて、九州南部に居住している女性が分かったというのである。会社役員と婚約者は、女性を知っている人物かどうかを確かめようと女性宅に向かい、面会した。そこで女性から『気になることがある』と言われ、信じがたい説明を聞いたというのである。

女性は逮捕から初公判の直前までおよそ2か月間、代用監獄として南警察署で身柄を勾留されていたが、ある日、起訴後の取り調べで、福岡県警の白紙の調書用紙数十枚に署名・押印をさせられたというのである。女性は調書がどう使われたのかを心配していたという。

私は、切羽詰まった様子で話す会社役員と分かっていることを冷静に話す婚約者の対照的な態度に訝った。更に、捜査資料の不可解を読み解けないことに苛立ち、２人に全く関係のない女性まで登場してきたことに、困惑していた。しかし、これは何かとんでもない闇があると思ったのも事実だった。

報道部の幹部に取材の経緯を説明し、キャップの立場だったが、警察取材の本線から離脱して「白紙調書」の取材に専念した。再度、会社役員と婚約者に対して、カメラの前でのロングインタビューを行った。何が事実で、何が分かっているのか。疑問に思うことは何かを整理し、全体像を詰める作業に集中した。


（臼井）「取り調べの中身は覚せい剤を自宅に置いていたという内容だけですか？」

（会社役員）「そうです」

（臼井）「その他の場所に関する取り調べはないですか？」

（会社役員）「ありません」

（臼井）「全くない？」

（会社役員）「一切ありません」

（臼井）「チャートに載っている福岡市博多区内のマンションに関する話は南警察署の取調官としましたか？」

（会社役員）「1回もありません」

インタビューする臼井

会社役員の婚約者のインタビューに移ると、新たな事実を聞かされ、また驚くこととなった。

2人は南警察署を何度も訪れていた。

会社役員の捜査を担当した生活安全課保安係の警部補と巡査長に、自宅で捜査のチャート図を拾ったこと、チャート図に犯行の場所と記されていた福岡市博多区内のマンションの住人が南警察署に逮捕歴のある女性であることを説明し、自分たちが知らない場所や人物がなぜ出てくるのか。二人に対し、疑問をぶつけていたというのである。

対応した警部補は、「現物を持ってきなさい。それは南署で作ったものじゃないだろう」と話しながらも、妙なうろたえのようなものがあったという。そして、南署に逮捕された女性が勾留中に白紙の調書用紙に署名・押印をさせられたと聞いたことも話していた。

婚約者が警部補にそう告げると、それまで優しい表情をして遠回しに文書の返却を求めていた警部補の態度が一変し、口論となったというのである。

(警部補)「その紙を返しなさい」
(婚約者)「返しません」
(警部補)「そしたらどんな手段を使ってでも紙を返してもらわないといけないことになる」
(婚約者)「返しませんから」
(警部補)「そんな風なら、家宅捜索でもして返してもらわないといけないし、それでも『出さん』とかなんとか言うなら、お前逮捕するぞ!」

私は婚約者と警部補のこのやりとりを聞き、驚くと共に呆れた。警部補は会社役員の婚約者が刑事手続きに明るくないと決めつけ、昔の漫画に出てくるかのような恫喝で、チャート図の「奪還」を図ろうとしていた。安易な権力行使に不審感が湧き上がってきた。

不正捜査の疑念は深まり、取材に走った。警察の捜査そのものを指弾することに、裏付けとなる十分なファクトの収集は絶対条件という当たり前のことに緊張感を覚えた。

わきだす疑問を解いていく

白紙の調書に署名・押印させられた女性はどんな人物なのか。どのような経緯で署名・押印し、そのことをどう受け止めているのか。私は安倍靖カメラマンと共に九州南部に向かった。女性は事件後、実家に戻り、ブティックに勤務していた。インタビューは女性の勤務が終わった後行った。女性は当時23歳。記憶力が抜群に良く、供述調書に署名することの意味をきちんと理解していた。女性によると、自分の事件が起訴された後、南署の生活安全課の部屋で自分が知っている薬物に関する情報を保安係の巡査長に提供していた。その数は30件くらいで、巡査長は都度、メモ帳に書き留めていったという。ところが、南署での勾留が2か月を過ぎて身柄を拘置所に移される直前に突然、取調室で白紙の調書用紙20枚くらいに署名・押印をさせられた。

巡査長は、「(調書用紙の)ここにも書け。後ろにも書け。前にも書け。聞いた話はうまく帳尻を合わせて書くから、適当に押しとけ」と指示したが、女性は疑問を持たなかった。なぜならば、自分が話したこと全部の一つ一つに対して供述調書を1枚1枚作成してもらい、巡査長が拘置所に刑事手続きに欠くことのできない「読み聞かせ」に来てくれると信じていたからだという。勾留は2か月に及び、それまでの乱れた生活を更生させてくれた警察の人がそう言うのだったら問題ないと考え、素直に受け入れたのだと話した。

女性の証言は続いた。

執行猶予付きの有罪判決を受けて、実家に戻ることになったが、「あの紙は何に使われたのだろう？」との不安に苛まれたというのである。

（女性インタビュー）「後になって、調書用紙に名前を書いて、指印を押した意味。『私が認めた』という意味じゃないですか。私が書いて私の指紋が付いている訳ですから。警察から何の説明もなくて今に至って、ずーと心にあったんですよ。『あの紙は何に使われたのだろう？処分したのかな？』とか、不安は消えなくて、不安がずっと続いていました」

女性は拘置所を出て実家に戻る前、南警察署の巡査長に電話をかけていた。お礼に続いて、巡査長が当然、拘置所に読み聞かせに来てくれると思っていたことを告げると、巡査長は「異動などで忙しかった」と、はぐらかすような説明だった。これが不安に駆り立てられる大きな理由だった。

女性は巡査長が訪ねてくる代わりに、会社役員と婚約者が訪ねてきてことに首を傾げた。そして、会社役員と婚約者の質問が「自分に会ったことがあるか？」という素頓狂な内容だったことに驚き、2人が福岡の言葉を話していることにハッとしたという。

女性のインタビュー取材を終えて、重要証言を記録出来たことに力をもらうと共に、不可思議な印象に覆われていた事件の構図の解明に向けて光が差してきたという手ごたえがあった。「白紙調書事件」の調査報道は、「密室での謀議」を詳らかにしなければならない。証言に齟齬がないこと、具体性をしっかりと帯びていることは言うまでもない。全体像を掴めていないので、インタビューの質問は多方面に投げかけたが、女性の対応は、終始落ち着いており、答えに窮することもなかった。

何よりも刑事手続きの意味、供述調書が犯罪捜査の端緒になることの意味、犯罪捜査が人の拘束を許容する正義実現の手段であることを、自身の経験も踏まえて理解していた。女性の認識の高さは、「謀議」を詳らかにする揺るぎない証拠だと確信した。

福岡に戻り、私は改めて、会社役員の婚約者に補充インタビューを行った。

婚約者は、「女性の存在が判明し、知っている人か、知らない人かを確かめる。私たちにとってそれだけで良かったのです。会わないとわからないから。ところが会ってみると、『知らなかった』で終わらなかった。彼女の口から、『何枚も白紙の調書に署名押印させられた』という話が出ることなんて無論思わなかった。おかしい、おかしいと思っていたのがだんだん固まってきた。なるほど『カラクリ』ということがあるのかな」と語った。

権力の中でも警察は、国民に身近なところで極めて大きな力の行使が出来る機関である。その警察が一般の目には触れることが無い刑事手続きで、あたかも闇から闇へと葬るような捜査を行っていたことへの疑念は益々膨らんでいった。

私の取材から時を置かず、新たに選任された会社役員の弁護士３人がこの女性と面会した。弁護士の詳細なヒアリングに対して、女性は取り調べの内容や調書用紙がどんな紙だったのかを丁寧に説明し、取調室内で巡査長に署名・押印させられた時の様子を再現した。弁護士の質問の焦点は、女性の居住していたマンションの場所、取り調べの内容、巡査長が拘置所に読み聞かせに来なかったという事実に対してだった。

この時の撮影は、この調査報道を今後続けていく上で、番組を構成する上でも、極めて重要なシーンであり、失敗は許されなかった。福岡県警の白紙の調書用紙に似た罫紙を弁護士が取り出し、女性が20枚にわたって様々な署名と押印をさせられた際の再現の様子を撮影するのは、テレビジャーナリズムならではの迫真性があった。撮影を担当した樋口勝史カメラマンが、口を真一文字に、険しい目で、女性がペンを走らせ、指で印を押すシーンを撮影していく様子は忘れられない記憶である。


(弁護士)「白紙調書に署名押印した後に＊＊巡査長が拘置所に来ることはあったのですか？」

(女性)「ないです。」

(弁護士)「拘置所に来なかった？　一回も？」

(女性)「はい。」

(弁護士)「ほー。当時あなたが住んでいたマンションはどこですか？」

（女性）「博多区大博町＊＊マンション405号室」

（弁護士）「その人（＝会社役員）を知っていましたか？」

（女性）「知りません」

（弁護士）「名前も聞いたことがない？」

（女性）「はい。ありません」

（弁護士）「あなたの調書の中に＊＊（会社役員の名前）という名前が出てくることはないですか？」

（女性）「ないです」

（弁護士）「それは間違いない？」

（女性）「間違いありません」


3人の弁護士は女性の話に前のめりになる格好で、一つ一つ、何度も確かめながら質問を重ねた。調査の結果、女性は巡査長に「平成6年の1月8日頃に自宅に何らかの薬物を置いていた」と話していたことが判明した。

チャート図に記載されていた犯罪事実とされた内容が偽装された疑いも深まった。白紙調書に署名・押印という事実にも驚いたが、虚偽の犯罪事実を作り上げるという疑惑に慄いた。

（弁護士）「我々弁護士からすると重要な問題というか、本来絶対あってはならないことなんですよね。だから、もし、そういったことが無かったにも関わらず、『そういったことがあった』と話すと大変なことになるから、そういった意味で念を押してお聞きするんですけど、そういったことがあったというのは絶対間違いない？」
（女性）「間違いないです」
（弁護士）「そうしたら、そのことを我々からお願いして、福岡の裁判所で証言をお願いするとしたらちゃんと言って頂けます？」
（女性）「はい。言います」

調査が終わり、古賀康紀弁護士は明らかに上気した顔になっていた。調査の感想についてマイクを向けると、「こういった馬鹿なことを警察はやっていないと思っていた。我々は法曹界に対する、司法手続きに対する信頼があるからさ！」と言い放った。

このインタビューは、私自身を射抜く言葉であった。そして、報道を通じて疑惑を世の中に問うことへの覚悟を決めさせる言葉であった。

この日、樋口カメラマンは、弁護士が旅館に女性を訪ねていく様子を足元からのローアングルで撮影したが、このシーンはドキュメンタリーのファーストカットになった。

巡査長と署長の対応の不思議

一連の取材を終えて残る取材は巡査長の直撃取材と南警察署幹部の言い分だった。巡査長の自宅を割り出し、夜、樋口カメラマンと自宅を訪問した。


(臼井)「＊＊さん(女性)に、白紙の調書に署名押印させたのは事実ですか?」

(巡査長)「事実やないよ。なん言いよるとあんたは!(怒鳴る)何が事実ね! 冗談じゃない!」

(臼井)「それで捜索令状を請求してないですか?」

(巡査長)「ないよ! そんな失礼なこと言いなさんな!(怒鳴る)」

(臼井)「ないのですね?」

(巡査長)「ない! ない! ふざけたこといいなさんなよ!」

(臼井)「＊＊さん(会社役員)の逮捕に白紙調書を使ってないですか?」

(巡査長)「ない! ない! ふざけたこと言いなさんなよ!」


巡査長は大変な動揺を見せた。その日、夕食を作っていた模様で、突然、「天ぷらを揚げるのに忙しいったい。手に魚の匂いがついとろうが! 匂いを嗅いでみろ」と言って、私に手を差し出した。質問とは全く関係のない対応に、突然の取材に狼狽しているのが明白であった。取材の心証は真っ黒だった。

一方、南警察署の古賀利治署長は、「ワシが調べてみる。白紙の調書に押印するわけないやん。そんなことありえんよ。ありえん。なん言いよるんね。白紙の調書にサインするわけないやん。そもそもサインできんやない」と語り、捜査の決済を行ったのか行っていないのか。行ったが知らないように見せているのか判然としなかった。ただ、動揺する様子は全くなかった。

「調査報道」の結果を発信する

私は以上の取材を踏まえて、南警察署の生活安全課の巡査長が大麻事件で勾留していた女性に白紙の供述調書用紙20枚あまりに署名・押印させて、女性とは全く関係のない別の覚せい剤事件の家宅捜索に着手するための証拠資料として、白紙の調書を使った疑惑があるとの報道を地元と全国に向けて特報した。

当時、テレビ朝日系列では、久米宏氏が司会をする「ニュースステーション」が全盛だったが、ニュースステーションはこのニュースを連日大きく取り上げ、スタジオで女性キャスターを勾留された女性に見立て、署名・押印の様子を再現する演出やＫＢＣのスタジオを繋いでの続報と解説を重ねるキャンペーンを展開した。

報道後、各社の追随取材が熱を帯びたが、南警察署の古賀署長はカメラ無しの条件の取材で、次のように回答した。

1．署名・押印させたのは調書用紙ではなく西洋紙で、女性が後で証言を変えないよう心理的な圧力を加えるテクニックだった。
2．チャートに女性の住所を載せたのは本来の情報提供者のプライバシーを守るためわざとそうした。
3．家宅捜索の令状の請求に白紙の調書は使っていない。
取材を行った後輩の南警察署担当の原田昌史記者から電話で報告を聞いた時、私は原田記者に詰問調で何度も聞き直してしまった。

「原田！　署長は本当にこんな説明をしたのか⁉」

私は暫し考え込んでしまった。2か月にわたって重ねた取材からは到底納得は出来なかった。南署は明らかにうそを言っている。組織として隠ぺい工作を図ろうとしている。そう確信した。そして、厳しく長い報道になるだろうとも思った。

南警察署の古賀署長は、暴力団捜査のスペシャリストで、福岡県警で最も有名な刑事と言われていた。オウム真理教の関与も疑われた何者かに銃撃された当時の國松孝次警察庁長官ともホットラインを持つ実力者で、暴力団対策法の策定にも携わった人物であった。体を張った捜査を続けてきた人物故の事態を乗り切れるという自信があったのだろうと想像はした。それでも、事態を乗り切るのは不可能だと私は思っていた。

そのように確信したのも私は別の取材結果を持ち合わせていたからである。

巡査長の信じがたい告白

それは会社役員と婚約者が巡査長と交わした会話を録音した記録だった。

会社役員と婚約者は自宅に残されていた捜査資料や勾留されていた女性のことに関して、南署を訪れ、保安係長や巡査長に何度も疑問を質していた。２人の調査と私の取材、弁護団の調査を踏まえて、２人が再度、巡査長に説明を求めるよう連絡すると、巡査長は「会う」と言ったのである。

弁護団と私は、この会話を証拠として収録することと、取材として収録することの是非を協議した。巡査長が何を話すのかは無論わからないが、事件に繋がる発言があれば、控訴審の重要な証拠材料となる。何と言っても、警察権力の密室の謀議を地下から地表に引っ張りだそうとしている。隠し撮りという取材手法と、真実の追求と事件報道の公益性が天秤に計られることになるかもしれないが、実施するという判断に至った。

この時から遡ること5年。リクルート事件を巡り、リクルートコスモス社の当時の社長室長が、国会の爆弾男と言われた福岡選出の社会民主連合、楢崎弥之助衆議院議員の国会での追及を防ごうと働きかけ、事務所を訪れて現金５００万円を渡そうとした贈賄工作の様子を日本テレビが小型特殊カメラで隠し撮りし、議論になった報道があった。

そのことを考えながら、会話を録音取材する準備に入った。小型の録音機が会社役員の胸のポケットに、ワイヤレスマイクが会社役員の上着の袖の部分にセットされ、私と樋口カメラマンは、会社役員の自宅の室内ガレージに待機し会話に耳を傾けた。

(巡査長)「私はチャートを拾われた時点でね。こうなるとわかっていた。『拾われた』と聞いた瞬間にね、署名・押印された女性のところに行くと私はわかっていた。これは大変な書類なんですよ。大変な書類。あれは作った文章なんですよ。結局ね。真っ白な調書用紙。ここに調書用紙あるけどくさ、ここにぽっと名前を書いて、自分の指、押してんですか。ここに名前書いて印鑑押してんですか。名前書いて指印押してんですか。真っ白ですよ。そこに文章入れればいいじゃないですか。後から」

(会社役員)「文章は止まらんでしょう? 文を書いていってですよ」

(巡査長)「それはシロウトの考えること。右から左どうにでもなる」

(会社役員の婚約者)「それは本当に＊＊巡査長が作ったの? それで令状を取ったの?」

(巡査長)「うん。しかし、それはもうない。一切ない。常識で考えたら考えられんこと」

(会社役員)「法治国家でそれはおかしいことじゃないですか。それが警察ですか?あと何枚くらいあるんですか?」

(巡査長)「オールマイティーですよ。あと残り全部」

(婚約者)「ほかの人からもそういう風にしてずっと取っていた?」

(巡査長)「うん。しょっちゅうある」

(婚約者)「ほかの(上司の名前)さんとか、この調書が正しい調書と思っているわけ?」

（巡査長）「思っていない。誰も思っていない。ニセモノってみんな知っとる。これはあと1か月か2か月先に問題になること。それはわかりきっている。それを分かった上で私は教えた。わが身はどうなるかわからんけどくさ、それ以前に、（＊＊さん＝会社役員）を潰したことの方が大きい。私はそれなりにどうかなるから、（＊＊さん）は自分の助かる道だけを考えんですか。申し訳ない」

室内ガレージにしゃがんでこの会話を聞いていた私と樋口カメラマンは何度も目を合わせ、何度も嘆息をもらした。すべてを喋っている。長い間もやもやとしていた疑惑を事実だとはっきり認めている。しかも、組織的不正も浮かびあがってきた。警察の手練れの捜査員が密室の謀議をしょっちゅう行っている。権力と嘘の組み合わせ程恐ろしいものはないと悟った。

一方で、大きな疑問が私の心のうちにずっと渦巻いていた。巡査長はなぜここまで正直に話したのだろうか。普通なら否定や隠ぺいの言葉が出るはずだ。これは会社役員も同じ受け止め方だった。告白しても組織的な対応で事態をうやむやに出来ると踏んでいたのだろうか。ではなぜ直撃取材をした時狼狽したのか。警察組織と個人の関係性はどうなっているのか。再び新たな疑問が湧いてきた。

警察が警察を捜索する異常事態

福岡県警には緊迫の度合いが高まっていた。巡査長の行為が虚偽公文書作成と行使の容疑にあたるとして、巡査長を「容疑者」とする取り調べが連日行われた。警察による警察への異例の捜索が行われ、南署が捜査対象になった。上司らの事情聴取も進められ、福岡地方検察庁も捜査を始めた。

そして、仕事納めの12月28日午前、県警記者クラブでくつろいでいたところ、連絡もなく駆け込んできた警務課長による会見が始まり、古賀署長が官舎で自殺したことが発表された。「白紙調書事件の件で結果として組織に迷惑をかけた。監督者として責任を痛感している」と書かれた遺書を残していたと説明された。「ドーベルマン刑事」と呼ばれ、強気の暴力団捜査で全国の警察にその名を知られ評価されていた署長が命を絶ったことは全く信じられなかった。

白紙調書事件の言い分取材を署長宅の前で行った夜も強気の姿勢を見せていた。通常、このような夜回り取材ではカメラをまわすことはない。しかし、事案として極めて重いこと、刑事司法の歴史に記録される事件になるのではないかとも考え、私は後方からカメラを回すよう指示をした。言い分を話しながらカメラを見つけた署長は怒りをあらわにし、いきなり、「テープを渡せ」と凄んだ。私が「なぜ渡す必要があるのか」と反論すると、署長は「それなら君の会社の社長に今から電話する」と語気を一層強めた。私は「そうするならそうして下さい」と話し、お互い無言で顔を突き合わせる時間が流れたが、その場は結果として収まった。この問答がドーベルマンの強さなのか？と思い帰社した記憶は鮮烈である。

この時の取材のシーンは、事件の初報段階では使用しなかったが、署長の自殺時の報道とドキュメンタリーの放送の際は、事件について言及している内容であり、そして、最期の肉声であり、放送に使用する判断を行った。

組織的な犯行ではなかったのか？

事件はその後、単独犯なのか組織的な犯行だったのかが焦点となった。会社役員の婚約者に「チャートを返さなければ逮捕する」と脅した上司の警部補に関する証言や巡査長が告白した際の会話から私は巡査長の単独犯はありえないと思っていた。さらにＫＢＣの報道後の署長の不可解な説明からも組織的関与は否定出来ないと考えていた。

しかし、福岡県警は巡査長の単独犯と結論付けた。そして、巡査長は公判で裁判長から30分にも及ぶ異例の質問を受けた。「誰にも相談せず、誰にも知られずに個人でやったのは本当に間違いないのか？　強大な権限を持つ令状を騙して取り司法に対する国民の信頼を著しく低下させたことがあなたの正義感と釣り合うと思うのか？」と何度も問いかけられるも明確な回答を避けた。ところが、予期していない懲役１年の実刑判決を受けた巡査長は、控訴審の初公判で主張を一変させた。

（巡査長の証言）「白紙調書の作成は係長だけでなく課長以下5人の上司が知っていた。虚偽調書の作成は3人の上司が知っていた。取材を受けた後、署長以下5人と話し合い、虚偽調書の廃棄を決めた。署名押印させたのは西洋紙だったことにすると口裏合わせを指示された。一審で単独犯を主張したのは署長が自殺するなど組織にこれ以上迷惑をかけたくない気持ちだったが、すべて自分の責任にされたため真実を知ってもらおうと証言を決心した」

これに対して福岡県警は再調査するつもりはないと発表した。

ドキュメンタリー「捜査犯罪」は以上の取材記録を構成したものだ。

通底するテーマは個人と国家の関係性、基本的人権の尊重に収斂する。闇に葬られる間際だった個人がカメラを前に切々と語る言葉。これに耳を澄まし事実を見極めて本質をあぶり出す。

もし、チャート図が室内に残されていなかったら。もし、婚約者がチャートを警察に返却していたら。もし、勾留されていた女性に正義への思いがなかったら。法の支配と人間の良心の関係性を何度も考えさせられた。

会社役員と婚約者のインタビューは、素顔での放送を想定し正面から撮影した。結果として、放送ではモザイクをかけたものとなったが、事実を堂々と語る姿勢を大切にしたいと思った。

疑惑の調査を終えたところで弁護団は、会社役員の控訴審の趣意書を作成する際、「これは犯罪捜査という代物に値しない『捜査犯罪』だ」と断じた。

この時の身の引き締まる緊張感は、今でも刃のように私に突きささる。

＊【コラム】真相の探求者　　　　樋口勝史（九州朝日放送＝ＫＢＣカメラマン）

「捜査犯罪」と「誇りの選択~従軍慰安婦の51年~」（１９９７年）を担当した当時、私は事件事故のニュース撮影や3分程度の企画取材が主な仕事だった。カメラマンの中で一番若く、ドキュメンタリーの経験がない私がどうして担当することになったのか。躊躇した。しかも担当は、福岡県警担当キャップの臼井キャップだ。当時の臼井キャップの印象は〝怖い〟その一言につきた。ドキュメンタリーの経験がない私に、国家権力である警察の不正を追及する撮影、もう一方は戦後の慰安婦たちの未だに解決されていない国家補償を追及する撮影。自分に務まるのだろうか？　不安は募るばかりだった。

臼井キャップはカメラマンの待機場所に現れると、いつも「よし、樋口、行くぞ！」と取材に向かう。心中不安な私は移動中、臼井キャップにその日の取材の説明を求める。臼井キャップは決まって「現場にいかないとわからない！」と言う。私は「何故わからないんだ！少しでも情報が欲しいんだ！」と思った。今になって考えると臼井キャップのいう通りだった。事実は自分たちの頭の中にあるのではない。現場にこそ事実は存在する。当時の私は撮影テクニックの事ばかりに重きをとられ、取材対象に対しての理解力、取材内容の把握力が著しく欠けていた。

取材は関係者が紡ぐ言葉や表情をすくいながら真相へと迫っていく。当然、二つの番組ではインタビューが真相に行きつく最も大切な手段になる。臼井キャップはうまく撮れていなかった時は、「樋口、俺はがっかりした」と言う。しかも、次の撮影に行く直前だ。私は当然〝ムッ〟とする。そして「よし、樋口、行くぞ！」だ。暗くないのが救いだったが、私は心の整理がつく暇もなく現場に向かう。

臼井キャップは己の疑問と真相を追う為、いつもしつこい程、相手の話をテープに収める。そこに小手先の技術は通用しない。私はインタビューをひと言も逃すまいと必死に臼井キャップとカメラの前にいる当事者の言葉に撮影者として食らいついた。事前に私なりに考えた撮影設計など「事実」を前にしたとたん何の意味も持たない。事前の私の考えも微塵に砕かれる。臼井キャップの〝超〟ともいえるロングインタビューを必死に、必死に手持ちカメラで耐え言葉を収めた。カメラがブレようが、私の右肩が砕かれる寸前になろうが耐えた。カメラを自在に扱えるようになるのは必要なことだが、実は一番大切なのは、心で感じることだ。取材対象者へ向き合う真摯な姿勢。身体を通して教えてくれたのは臼井キャップだった。

撮影が終わった後は、緊張感から解き放たれ放心状態になる。右肩が内出血していることが当たり前だった。白紙調書事件で巡査長への直撃取材時、団地の階段を上って行く臼井キャップの見たこともない緊張した表情。韓国の元慰安婦の取材。自宅前で私たちの車が見えなくなるまで手を振る黄錦周《ファン・クムジュ》さん。車中からの撮影で姿がどんどん小さくなっていく黄さん。背後から呻くような泣き声がする。臼井キャップだった。今も耳から、心から離れない。

＊

ＫＢＣ報道情報局テクニカルエキスパートカメラマン　１９９３年ＫＢＣ入社。ドキュメンタリー「捜査犯罪」「誇りの選択」の撮影の他、「沖ノ島〜藤原新也が見た祈りの原点〜」（２０１７年）で独特の映像美を表現。「都心に息づくセミの生態」で２００１年日本映画テレビ技術協会映像技術賞。

Ⅱ　良心の実弾〜中村哲医師の生き方に迫る〜

あの人が死ぬ訳がない

師走に入っていたが、それほど寒さを感じなかった２０１９年12月4日午後、飛び込んできた一報を私は、にわかには信じられなかった。でも、命を落とすとは微塵も思わなかった。そして、耳を疑う続報。私は「あるはずがない！」と叫んでいた。アフガニスタンはこれで何を得るというのかと心の内で半ば怒鳴っていた。

アフガニスタンで何者かに銃撃された福岡市出身の医師、中村哲さん（当時73歳）の非業の死は日本に、世界に衝撃を与えた。

中村哲医師は、１９８４年からパキスタンで活動を始め、ハンセン病をはじめとする医療支援から難民支援、フィールドワークから診療所の設置へと活動の幅を広げた。活動の域はその後も留まることはなくアフガニスタン国内に27キロに及ぶ用水路を建設する灌漑事業を成し遂げ、砂漠を緑の大地に変えた。この用水路は、今、65万人の命を支えている。

アフガニスタンでは、戦乱が繰り返されたことに加え、近年の温暖化に伴う干ばつに苦しむ人々が簡単に命を落とした。

真に命を救うのは何か。考え抜いた末の結論が水の確保で「医療よりも水。まずは生存を保障する」という活動に切り替え、白衣と聴診器を手放した。

日本電波ニュース社の谷津賢二カメラマンが撮影した用水路に初めて水が通された時、満面の笑みを湛えて用水路に立つ中村医師の姿は思わず息をのんでしまう感動的で素晴らしいシーンだ。中村医師を追悼する報道は、東京、福岡に留まらず、全国のメディアで展開されたが、KBCが中村医師の生涯を辿るドキュメンタリーを制作するのは、当然の帰結であった。

制作には「社」としての義務と、「わたくし」としての義務があった。私にとっては、およそ30年の私自身の来し方を問うことの作業でもあった。

「良心の実弾～医師・中村哲が遺したもの」＊は、番組のプロデューサーを私が務め、入社5年目の河村聡記者がディレクターを担った。

＊「良心の実弾～医師・中村哲が遺したもの」（2020年5月29日放送）

2019年12月、人道支援を続けていたアフガニスタンで凶弾に倒れた医師、中村哲氏。現地での35年に及ぶ活動の中で、医療に留まらない幅広い事業を行い、目の前の命に救いの手を差し伸べてきた。2010年に完成させた用水路は65万人の生活を支えている。番組では共に事業を行ってきた人々、友人など中村医師と親交のある人々の証言を軸に中村医師の人生を辿った。KBCは、1992年にメディアとして初めてアフガニスタンとパキスタンで中村医師の密着取材を行った。番組はまた、中村医師の長女、秋子さんが、家族として初めてメディアのインタビューに答えた。番組はこうした過去映像や数々の証言で構成し、中村医師の生き方がなぜ人々の心を揺さぶるのかを考えた。

河村記者は、銃撃事件を受けて、中村医師の支援NGOペシャワール会の取材を担当した縁でディレクターを担うこととなったが、事件まで中村医師のことは知らなかった。

私は河村記者と同じ入社5年目の1992年10月、日本メディアとして初めて、アフガニスタンの中村医師の現地取材を行っている。そこでの経験こそ、「中村医師が死ぬ訳がない」と確信させる基盤であった。

「良心の実弾」は中村医師を熟知するプロデューサーと中村医師を知らなかったディレクターの協奏の番組でもあった。

中村医師との30年前の出会い

「福岡に面白い人がおるばい」

1992年の初夏、上司のドキュメンタリープロデューサーの中村元紀さんから1冊の本を手渡された。

「この本には戦争、貧困、民族、国際貢献、異文化交流、あらゆることが描かれている。学ぶことが多い。作者は福岡の人だ」

手渡されたのは、発売間もない「ペシャワールにて〜癩そしてアフガン難民」（石風社）。中村医師の最初の著書だった。

「現地は外国人の活躍場所や情熱のはけ口でもない。文字どおり共に生きる協力現場である。まして『教えてやる』と言うのは論外である」

国際貢献という言葉が曖昧に想起させる美名めいたものと明らかに異なる腹の座った信念と揺るぎない自信をこの本から強く感じた。欧米のNGOによる表層的な活動に対する批判的な言及も多く見られ、「国際貢献とは何か？」、「共に生きるとは何か？」という直接的な問いを投げ込む、独特の存在感を思わせた。

文章は鋭く、まなざしは俯瞰的で、歴史を踏まえて文明をも語っている。ジャーナリスティックな視点にも長けている。

いきなり惹きつけられてしまった。

そして、「この人はまだそんなに知られている人ではない。早く取材したい」と自問自答もしていた。

活動を支援するNGOペシャワール会は、現在2万5000人の会員が支えるが、当時は2000人。福岡市中心部のマンションの一室で毎週水曜日の夜に開かれる例会では、ボランティアが会報の発送や寄付のお礼書きなど行っていた。会の雰囲気は明るく、活気に満ちた調和感を感じたが、ボランティアのひとり一人の語る言葉や表情にしっかりとした自信というのか、拠って立つものが自分たちにあるという自負心を感じさせる何かがあった。

中村医師にともかく会ってみたい。

会の広報担当の福元満治さん（石風社代表・現理事）に聞くと、年に数回、帰国するという。早速、7月の下旬ころの例会に伺い、中村医師に初めて会った。

中村医師の最初の印象は、小柄な体躯で、20人いたボランティアの陰に隠れてしまう一見目立たない存在だった。語る口調はゆっくり、ぼそぼそとして声も大きくない。表情に変化があるわけでもない。ただ、笑うと優しい目になるというのが第一印象だった。

著作から想像していた勇ましい印象とは遥かに異なった。中村医師に「ペシャワールにて」の感想を述べ、質問をしながら現地の様子を伺ううちに、思い切って現地の密着取材は可能かを聞いてみた。すると、中村医師は特に表情を変える風でもなく、「いいですよ。じゃあ、秋頃お見えになりますか」とあっけないほど淡々と語った。戦乱が続いた荒れた大地で取材が出来るだろうか。不安はかなりのものであったが、このちょっと変わった医師をルポしたいという気持ちが上回った。

番組はテレビ朝日系列のドキュメンタリー枠「テレメンタリー」に採用され、「国境を越えて～ペシャワールの日本人医師」＊の制作が始まった。

＊「国境を越えて～ペシャワールの日本人医師～」（１９９２年12月26日、テレビ朝日系列テレメンタリーで全国放送）

中村哲医師のアフガニスタン現地の活動の様子をKBCが日本メディアとして初めて取材、構成したドキュメンタリー。中村医師は1984年にパキスタンの北西辺境州・ペシャワールに赴任し、ハンセン病を中心とした医療支援活動を続ける中、1991年に初めてアフガニスタンに診療所を開設した。ソビエト連邦による侵攻が終わって3年。多くのアフガン難民が祖国に帰還し、故郷の復興に力を注ごうと燃えていた。そうした人々の命を医療面から支える中村医師の様子を描いた。また、番組では、看護師のボランティアとして赴任間もない藤田千代子さんの活動も捉えている。藤田さんはこの時から30年にわたって右腕として中村医師を支えることになる。

西アジアの荒野を駆けぬけて

1992年10月から11月にかけて20日間余り、パキスタンのペシャワールを拠点にアフガニスタンとパキスタンの辺境での中村医師の活動を取材した。砂漠や山岳地帯の取材を想定し、カメラのバッテリーの充電も容易ではないと聞き、大型の使い切りのバッテリーを持ち込んだ。スタッフはカメラマンと2人だけで、カメラマンは6年先輩の小林俊司さんだった。小林さんとはこの年、取り残された戦後補償問題として急浮上した戦時中の慰安婦の女性たちを描くドキュメンタリーを制作していた。普段はクールだが、現場に赴くと熱が上がる小林さんの存在とカメラワークは頼もしく、心強かった。

首都イスラマバードからペシャワールまでおよそ200キロ。通称アジアハイウェイを車で向かう道中は恐怖の連続であった。対面交通の2車線をトラック、バスを含めてどの車も高速で走行する。まさにぶっ飛ばすという趣だ。車は追い抜きを頻繁に行うのだが、簡単に追い抜けないのか、追い抜かれまいとするのか、対向車線を走る車と正面衝突寸前でようやく車線を元に戻すのである。クールな表情のドライバーと裏腹でずっと冷や冷やの道中だった。

ペシャワールの町は、民族のるつぼだった。多様な顔が溢れていた。車と馬車、人々の雑踏は騒々しく、羊肉を焼く匂いに霞がたなびく交易の町の色合いを見せていた。

この頃、ソ連のアフガニスタン侵攻終結から3年が過ぎ、イスラム暫定政権が発足。ペシャワールに避難していた大量の難民の帰還が始まったばかりだった。ペシャワール会は前年に初めてアフガン国内に診療所を開設し、当時46歳の中村医師はペシャワールとアフガンの往復を続けていた。

現地の取材は、想像はしていたが様々な現実を見せつけられ、目の前を追っていくのに懸命だった。

例えば、ペシャワールのＪＡＭＳ（日本アフガンメディカルサービス）と呼ばれたアフガン難民の診療所では、男女別に診療の日が設定されていた。女性の日の取材では、礼拝を呼びかけるアザーンが町に鳴り響く夜明け前の朝4時には、アフガン難民の女性たち30人が列を作っていた。無料での診察と投薬に殺到した難民の中のある女性は、「お金が無く、すがる思いで来た」と私たちに答えた。

ハンセン病のフィールドワークでは、ペシャワールから北東に１００キロ離れた山岳地帯の無医村、ディールという町にいる患者を訪ねるため、悪路をランドクルーザーと徒歩で向かった。夜はろうそくの灯が唯一の明かりで、夜明けと共に活動を始め、日没となると休むという生活が営まれていた。ディールの町一帯には極貧の患者たちがいた。ハンセン病の影響で指が1本しかない4人の子どもの母親。18人の家族を麻薬となるケシの栽培で扶養する男性。この男性は、ハンセン病の進行による神経の麻痺で痛さも冷たさも熱さも感じず、足が壊死しかかっていた。中村医師はそうした人々に対し、治療と投薬、生活面の指導を粘り強く行っていた。

現在、ペシャワール会のPMS（ピースジャパンメディカルサービス）室長で現地の窓口の責任者である藤田千代子さんは、当時赴任して3年目の看護師で、現地にいる中村医師以外の唯一の日本人だった。藤田さんは当時、私のインタビューに対し、はにかむような表情で「パキスタンの患者さんの問題は初歩的なところにある。だから私でも務まる。私には少ししか知識がないがその知識でまだ役に立てられる。それならもっとこっちにいようと思っています」と語っていた。藤田さんはその後、中村医師の右腕として30年間にわたり活動を支える大黒柱となる。そのことをその時は知る由もなかった。「良心の実弾」でのインタビューで、藤田さんは、中村医師について、「凄く一般的な言葉だけど困っている人がいたら絶対見捨てないという『確信』がありました。絶対に見捨てることはなさらない。だから安心してついていった」と語った。

中村医師自身はフィールドワークについて、「患者はお金が無く、何日もかけてペシャワールの診療所を訪問することが出来ない。習慣もない。その辺が苦しい。なるべくこちらから出かけて行って、土地の事情と患者自身のモチベーションとの妥協で手を打つしかない」と語った。欧米のNGOが見向きもしないところにこそ救いの手を差しのべる。中村医師のあまのじゃく的な姿勢があった。

なぜ自ら出かけていくのか？　なぜペシャワールなのか？　なぜアフガニスタンなのか？　という問いは、何度も投げかけた。中村医師はたまたま登山隊で訪ねたヒンドゥクッシュの山々が美しく、ご縁だったという趣旨の話をしていた。しかし、28年後、中学時代の友人だった福地庸吉《のぶよし》さんが語るインタビューからは、人間としての中村哲の優しさと深みの真髄を見せつけられた。

福地さんは中村医師が現地に赴いた直後に語った時の話の内容、口調と表情も含めて、35年経った今でもすべてが頭に残っているという。

（福地）「哲ちゃん。あんた何でそんな辺鄙なところに行くと？」
（中村医師）「ヒマラヤに登山に行った時、登山隊に医者がいるとわかるとそこら中に情報が行き渡って病人が続々とキャンプに来たとよ。それで治療をするけど、時間が来たら出発せないかんやろ。『ここで終わり』と言わないかんやろ。その時、そこで治療を受けられんやった人の恨めしそうな顔が頭から離れんかったとよ」。

現地取材を始めて感じたのは、中村医師の表情が福岡でのものとは明らかに違うことだった。鋭い眼光が目に付き、現地事情や地理に不案内な私たち取材陣への配慮もない。勝手に取材してくれという様相で近寄り難い雰囲気さえあった。眼差しはひたすら現地の人々に向いていた。

国境を越えて〜アフガニスタンの大地へ

アフガニスタン国内の取材はロケの後半に行われることになった。アフガンへは、現地組織、ＪＡＭＳ（日本アフガンメディカルサービス）の現地スタッフと共にＪＡＭＳの小型バスで向かうことになった。バスには日の丸と平和の象徴であるハトが描かれていた。これには深い意味があった。現地の武装組織は歴史的にアフガニスタンで戦争や侵略を重ねてきた欧米に強い不信感がある。しかし、日本のイメージは逆で友好的であった。日本は欧米と戦った国であり、日露戦争でロシアを破った国であるということが知られ、一目置かれていた。そして、平和憲法を持っていることへの敬意もあった。日の丸とハトは攻撃を避けるのに欠かせないツールになっていた。

この時アフガンに向かったのは、中村医師に私と小林カメラマン、アフガン人スタッフの合計10人程度だった。ペシャワールからアフガニスタンに入るには、スレイマン山脈のカイバル峠を越えていく。古くから東西の文化圏を結ぶ交易路として、アレキサンダー大王の軍隊や玄奘三蔵が越えた場所だ。近代では第一次アフガン戦争からパキスタンの独立まで戦場となった要衝であった。ペシャワールの西に位置する峠周辺の地域は「部族地域」と呼ばれ、現地のパシュトゥーン族の自治区で、パキスタン政府も立ち入れない秩序的にも危険な場所だった。中村医師とスタッフは既に何度も通っていた地域で、問題なく通過できると思っていたがそうはならなかった。

チェックポイントのようなところで車を停車させられると、小銃を持った男が銃を突きつけながら大きな声で叫び近づいてきたのである。

この状況で何をなすべきか。カメラ機材が見つかったらどうなるのか。恐怖に慄いていると、中村医師は私たちに、「臼井さん。小林さん。寝たふりをして下さい。もし何か聞かれたら『トルクマーニ』、『トルクマーニ』と繰り返して下さい」と言う。焦る様子もなく、いつもの中村医師の話し方だ。小銃の男は車のドアを開けて銃を突きつけながら車内を窺っている。私は言われるままに目をつぶり寝たふりをし、話しかけられないだろうかとの不安を胸に時間が過ぎるのを待った。すると、ＪＡＭＳのスタッフの一人が車外に出て小銃の男と話を始めた。15分位たっただろうか。事は収まったようで車は無事、峠を登り始めた。

私は「『トルクマーニ』とはどういう意味ですか？」と問うと、中村医師は、「トルコ系という意味ですよ。トルコ系には日本人に似たような顔の民族もいるし、パシュトゥーン語も話せないからすり抜けるのに都合がいいと思ったんですよ」と話す。私は経験したことのない最大級の緊張を強いられたというのに、「この人は本当に腹が座っているし楽天的でもある人だ。このくらいじゃないとアフガンでは活動は出来ないのだろう」と思わずひとりごちた。

ダラエヌールの診療所へ

中村医師は取材の前年１９９１年に、アフガニスタンのダラエヌールと言う北東部の渓谷地帯に初めて診療所を開設していた。ダラエヌールはロシアの侵攻で６万人の住民の内、実に１万人が死亡し、３万人が難民化したという。帰還した難民たちが生活を始めるにあたって病気で倒れることは致命的であった。

印象に残ったのは、現地は茶褐色の岩石砂漠で緑がほとんどないことだった。以前は田んぼや果樹園もあったというが、痕跡が見当たらない。破壊され尽くした住居、容易に見つかる無数の地雷、破壊されたソ連の戦車が目に入った。その一方でラクダに乗った住民や羊の群れを率いる住民、収穫したイネを束にして叩きつけ、もみを取る作業など、のどかな風景との対比に戸惑いも覚えた。

我々が乗った小型バスはダラエヌールの診療所に着くまでにたびたび停車した。そうすると、どこからか多くの人々が湧きでるように姿を現す。集落の棟梁と村人たちで、中村医師は彼らとしばらく抱き合い、会話を交わしていた。ソ連のアフガン侵攻から13年。ほとんどがパキスタンから帰還したばかりの元難民たちであった。

（中村医師）「ここは多くの難民が帰ってきていますか？」
（村人）「はい」
（中村医師）「家族はみんな揃っていますか？」
（村人）「はい」

村人にも中村医師にも笑顔が絶えない。特に中村医師は私たちにも見せなかった満面の笑みで村人の話に聞き入っている。

中村医師は破壊されつくした集落で語った。「最初に見た時には何とも言えない感じでした。あまりに徹底的すぎるのです破壊の仕方が。村落を制圧するというだけにしては、あまりにひど過ぎるという感じがしましたよ。僕が来た頃は、まだあちこちに死体が転がっていて、それも片付けられていない状態でした。我々は難民キャンプ診療から始めたので、どうしてこれほどの難民がペシャワールに来たのか。ここに来て理由がわかりました。これじゃ住めないですからね」

ダラエヌールの爆撃の跡に立つ中村医師

中村医師とダラエヌールの村人たちとの長い抱擁は一連の取材で特に印象に残るシーンだった。中村医師が日本に一時帰国した際、各地の講演会で繰り返し語っていたことがある。

（中村医師）「アフガニスタンの人々が求めることはたったの二つです。ともかく三度のご飯が食べられること。家族が仲良くふるさとで一緒に生活できること。単純です。これは日本でもそうだと思うんです。」

困っている人々がいたら手を差し伸べる。中村医師の活動の理念は、村人との抱擁のシーンが示すように、30年前のこの時期に固まったのではないかと考えている。現地に赴き８年目で解けた大量難民の疑問は、あまりにも非力な市井の人々が真っ先に被る理不尽への怒りでもあったに違いない。

普通の生活がいかに貴重なものであるのか。中村医師の心根を占めるものを示していると思っている。

取材対象として「高い山」の中村哲医師

この取材で中村医師が語った言葉をもう少し並べてみる。

（中村医師）「一旦手を付けた以上は最後までしてあげないと。してあげるというのは失礼かもしれないけど、ともかく見せ物で終わらせない。現地の人と出来るだけ仕事を続けていこうという気持ちがあるだけで、日本に帰っても医者としても専門医としても役に立たないんですよ（笑）だからここは自分の生活の場であるという気もしております」

（中村医師）「小さくてもよいからいい活動を展開し、モデル的なものを作っていけば、いずれ国家体制が整備されてくれれば、ＮＧＯの淘汰があると思うんですよね。その時に淘汰されるくらいのプロジェクトであれば、我々は初めからしないという心積もりだから」

(中村医師)「我々が何がしかの手助けが出来ることは非常に『愉快』なことですよ」

(臼井)「『愉快』なこと?」

(中村医師)「楽しいですよ。見ていて気持ちがいいですよ。彼らが何とかしようというやる気と言ったらあんまり簡単すぎるけど、ともかくそういう意欲に燃えているからこっちも出来る限りのことはしてあげたい。何十年かかかるかもしれませんね。大きな変動が世界的にも国内にも起こってくるだろうし、それはわからないけど今のような仕事は残っていくんじゃないかと思うんですよ。ここで裏切っちゃいかんですよね」


中村医師が亡くなった後、30年前のインタビューを改めて聞くと、決然とした意思に優しさがにじんだ言葉が胸に響く。

ただ、私はこの時の取材で「中村哲」に迫りきれたとは思えなかった。

中村医師はカメラの前で感情を露わにする、自分自身をさらけ出すことはない。いろんな角度から質問をしても淡々と語るだけである。カメラを向けても淡々と行動する。自分が成し遂げたことを声高に語ることもない。

いつも変わらないのである。

私は著書から想像し、立てた仮説通りのストーリーを語ってもらおうと、もがいていた。中村医師がそれ以上の重要な話をし、想像以上のリアルが目の前にあるのに、意味を捉えきれていなかった。中村医師は支援や復興について、「一体誰のためなのか」と何度も語っていた。「復興は地元に愛着がある地元の人たちが中心となって行うべきで、自分の立場は『ほんとの意味での手助け』である」と繰り返していた。

このインタビューを踏まえて明確な構成をする、映像化するという部分が十分でなかった。私は焦りが先走りし、中村医師をテレビの定型にあてはめようとしていたようにも思う。中村医師もそれを見透かしていたのかもしれない。

こんなエピソードもあった。

ダラエヌールの診療所を訪れた人々にインタビューする際、パシュトゥーン語しか通じないので、中村医師が通訳を務める稀有なことがあった。質問は診療所が出来た感想といった一般的な内容だったと記憶するが、中村医師から「臼井さん。聞くだけヤボですよ」と言われた。中村医師は「もっと本質を聞け」と訴えていたことになる。生活や家族のことを聞くのが先ではないか。そう訴えていたように今は思う。

私自身の問題認識や感性が未熟であったことは無論大きいが、取材対象としての中村医師は、唯一無二とも言える「難攻不落」の存在で、途轍もなく「高い山」だった。現地の取材はそれ以降行っておらず、専ら一時帰国時の取材だった。

ドキュメンタリーの取材対象としての中村医師は、短時間で本質を描きだせる人物ではない。安易に企画化してはいけない人物であり、出来る人物でもない。

その後、生きるための水を確保する井戸掘り、用水路建設へと事業が拡大していくにつれ、その認識は深まっていった。加えて、現地には安全管理上の問題もあった。それでも私自身の「切り結ぶ力」を少しでも磨き上げ、いつの日かもう一度現地の「中村哲」に挑みたいと思っていた。

30年ぶりの「良心の実弾」

中村哲医師が亡くなって、日本中の多くの人々が「自分の中村哲」を語ることに驚いた。自分自身の生き方を中村医師の生き方に照らして己の来し方を考えている。2020年1月末に福岡市の西南学院大学で開かれたお別れの会には、全国から実に5000人もの人々が最後の別れに訪れた。

一体、なぜ、人々は中村医師にこれほどまでに心を揺さぶられるのだろうか？

河村聡記者とのドキュメンタリー制作の目的はこの疑問を解くことであった。

先に紹介した友人の福地庸吉さんをはじめ、中村医師と親交ある人々、これまで一度もメディアに出てこなかった家族から徹底的に話を聞き、足跡を浮き彫りにする中でテーマに迫ろうと話し合った。

中村医師の死と功績を巡って、夥しい量の報道がなされる中、「良心の実弾」はテレビ朝日系列のドキュメンタリー枠「テレメンタリー」にも提案した。会議では、制作の意義は認めながらも、あまりにも著名な人物をどう描くのかという点について議論が集中した。「中村医師の功績について既に見飽きている面もある」、「多くの報道がある中、番組構成に独自性は出せるのか？」など厳しい意見が相次いだ。

しかし、私は中村医師の「原点」を知っているとの思いがあった。「黙って見ていろ！」と心の内でつぶやいていた。中村医師を知ったのは誰よりも早い。容易でなかった現地取材を経て、行動力の背景を誰よりも分かっているという自負があった。中村医師はあまりに偉大な存在になった。「凄い日本人を知っている」という私の密やかな優越感は、30年で全く密やかではなくなった。しかし、30年前の取材で感じた中村医師の心根を確かめられるのは、私の特権だと考えていた。

本人の歩みを確かめ、同時に知らなかったことを見つける。これが番組取材の主軸だった。予期せざる中村医師の突然の喪失は、見えない相手との30年ぶりの「切り結び」の始まりとなった。冒頭に記した「わたくし」としての立場とはこういうことである。

河村記者が中村医師を知らなかったのは、番組を制作するのにむしろ、良いことであった。彼が中村医師の何に響くのか。彼も日本中の多くの人々が中村医師の生き方に心揺さぶられている「中村ロス」の状況に強い関心を抱いていた。

河村記者の取材報告と取材感、私が立会ったインタビューの取材感を吟味しながら、30年前の中村医師と照らし合わせる作業を重ねていった。想像していた通り、様々な側面が見えてきた。

例えば、元現地ワーカーの杉山大二朗さんは中村医師を「鬼教官、鬼将軍」と呼ぶ。どれほど叱られたかを振り返る。壊れた用水路の修理を日本人ボランティアが行った方が早いのではないかと提案すると、「それは違う！　アフガンにいるのはアフガン人だろ！　俺たちはいつか日本に戻るだろう。下手でも彼らが続けるほうがよいと思わんね？」と怒られたと証言した。インタビューを聞き、頷いた。私が現場で感じた中村医師の近寄り難さは、杉山さんが感じた怖さと同類だと確信したからだ。つまり、いつも優先すべきは地元に生きる民ということである。

現地で共に事業を進めたＪＩＣＡ（国際協力機構）の国際協力専門員の永田謙二さんは、用水路の建設事業でクナール川流域の石材を利用したことに感服していた。石材は流域に無尽蔵にある。アフガン人は伝統的に石材技術に長けている。中村医師は、住民たちが今後、身近にある資材を使って自分たちの技術で用水路を維持していく可能性に着目していたというのである。今、世界のトレンドである持続可能性に繋がる話だ。いかにすれば地元で続けていくことが出来るのか。ここでも地元の民に眼差しが向いている。激流のクナール川に用水路の堰を築く際、斜め堰という地元・福岡県の激流、「暴れ川」ともいわれた筑後川で江戸時代に作られた工法を導入したのも、先人の民への敬意と共感、現地に生きる民への尊敬の念があった。

ノンフィクションの大家への共感

どうしてもインタビューしたかった人にノンフィクション作家の澤地久枝さんがいた。中村医師との対談集「人は愛するに足り、真心は信ずるに足る　アフガンとの約束」（岩波書店）で、丹念な調査を踏まえて中村医師に質問を重ね、家族のことを含めて多くの知られていなかったことを聞き出していたからである。

インタビューが始まって、澤地さんが書棚から取り出した対談集には多くの付箋が貼られていた。自分の著作に付箋を貼るのが澤地さんのスタイルかと思ったが、そうではなく、中村医師との対談が特別であったということだった。河村記者の質問に答える澤地さんの話は、想像する以上に詳しく、熱っぽいものだった。

（澤地）「これは私の大事な本なのね。中村さんと話す時は、プロの物書きという意識を捨てて、幼稚園児か小学校1年生の生徒になった思いで端から端まで何でも伺った」

90歳を過ぎ、50年以上に亘って多くの人間、事実と向き合い、数々の傑作を世に出してきた澤地さんだが、数えきれない付箋は中村医師のどの言葉をも心に留めておきたいということだった。

澤地さんは、中村医師の講演会の合間に約束していたインタビューが急遽キャンセルとなった際、スタッフから渡された中村医師の名刺に「また会いましょう。今日は失礼します」と書かれていたことに一瞬、戸惑ったという。澤地さんは、次の講演に急行する多忙な中村医師の体を心配したというが、私は大物作家である澤地さんとの約束を急遽キャンセルする「取材対象者」がいたことに驚いてしまった。中村医師の眼差しは、アフガンの民から離れなかったということがここでも見えた訳である。

澤地さんとの対談で中村医師は「自分の後継者はいない。後継者は用水路だ」と言い切る。「人の名前は忘れられるが、そのものは残り、幼少時からそこにあるものになる」と語る。筑後川の山田堰の歴史からの学びをそのまま体現している。

澤地さんのインタビューで私が何よりも驚いたのは、中村医師の語る姿勢について話す場面である。

(澤地)「中村医師に強い言葉はないんです。しかし、語られている事実の重さは比べようのないくらい重い。うっかりしていれば聞き落としてしまうような重大なことを言っているけれど声が変わったりもしないのよね。中村さんにはスローガンがない。スローガンがない代わりにスローガンを言っているならば、『10センチでも大地を掘ろう』とした人ですよ」

僭越ではあったが、私が30年前に感じたことと違わぬことをノンフィクションの大家が語っている。安堵というのか共感というのか。大きな確認が出来たと思った。

「中村医師は変わっていない」

中村医師を支え続けた人々

強い印象を残すインタビューは続く。

ペシャワール会のスタッフの皆さんだ。会長の村上優さん、理事の福元満治さん、PMS室長で看護師の藤田千代子さん。いずれも30年前に取材した人々だ。30年経った今でも会を、中村医師を支えていることに純粋に驚いている。

藤田千代子さんは、1992年に現地の山岳地帯のフィールドワークやペシャワールの病院での看護の様子を取材しインタビューをした。「私でも出来ることがあるなら」と謙遜して語っていた藤田さんは、その後、井戸掘りの事業や用水路建設事業で中村医師が不在になりがちな病院の統括をこなし、用水路事業の資材の調達などの重要業務もこなした。2001年9月の同時多発テロでアフガンが報復の一環として攻撃を受けた際にも現地に滞在し、2004年2月、苦難を極めた挙句、ようやく完成した用水路に初めて通水する時にも現地で中村医師を支えた。中村医師の右腕としてサポートを続けてきた。

藤田さんの活動はペシャワール会報などで確認はしていた。しかし、藤田さんがメディアで、特にテレビで現地の様子を語ることはなかった。私は何としても藤田さんの話を聞きたいと思った。最も聞きたいことは番組の主題であった。

「なぜ、人々は中村哲の生き方に心揺さぶられるのか？」

最も「中村哲」を知る藤田さんがどう考えているのか。番組に欠かせないものと考えていた。藤田さんはインタビューを受けてくれることになり、河村聡記者のインタビューを私は隣の部屋で聞くことにした。30年の経過と思いを聞き、インタビューが2時間近く経とうとしていたところで主題について切り込んだ。藤田さんは考え込み、絞り出すように語り始めた。

（河村）「中村医師が何でここまでまわりの人の心を動かすのだろうとずっと考えていて、藤田さんはどういうところだと思いますか？」

（藤田）（11秒間の沈黙）

（藤田）「一貫して変わらなかったから……」

更に、藤田さんは中村医師との約束事であり、ささやかな喜びをも語り始めた。

（藤田）「病院にいる時に中村先生と『達成感というのはいつあるんでしょうね？』という話をしていたんですよ。患者さんを見ていて、『もうここでいい』というのはない訳ですよ。井戸掘りを始めた時もそうでしたから。『達成感というものは、なかなかないから今後もないんですかね？』という話をしている時に、先生は『まあ、それはないけど、自分がここにいる時に、治った患者さんが退院していった。もうそのくらいでいいんじゃない』とか、言われていた。『あー。それもそうですね。それでいいんですよね』という話をしていたんですけど」

藤田さんの話を聞き、私は乱れる字でその内容をノートに一言一句をもらさず書き込み、膝を打っていた。インタビューをする河村記者からも藤田さんが語る内容に上気したような雰囲気が伝わってきた。30年前、否、もっと以前から変わらぬ心根を持ち続け生涯を貫いた中村医師。それこそが人々の心を揺さぶった。このインタビューを聞きながら、自分たちはこの答えを待っていたのだろうとも自問した。確かめることが出来たことと、中村医師が35年間貫いた「何のための自己犠牲なのか」の答えが少し見えたことに喜びを覚えていた。

家族が語る「中村哲」

中村医師がメディア取材で家族の話をすることは澤地久枝さんの対談以外一切なかった。ましてや家族が登場することはなかった。１年の三分の二をアフガニスタンで過ごしていた中村医師は、家族にどんなことを話し、家族は中村医師をどう見ていたのか。これも必須の取材だった。

私たちのお願いに対し、初のメディア取材として長女の中村秋子さんが応じてくれることになった。一体何を語ってくれるのかと心からワクワクした。

秋子さんの話はとても興味深いものだった。「父親の偉業は大きすぎる。父親というよりも『中村哲』という別の人物がやったことと思ってしまう。これだけのことをしてきたのを素直に凄いと思った」と語る。

そして、秋子さんの印象に残る父親は「見栄を張るなら自分の中だけに張りなさい」という言葉を聞かされたことだったたと語った。

中村医師が自身の人生の理念や生きる指針のようなものを語ることは無かった。強固な意思を内に秘めて生きる。絵に描いたような控えめな人と思っていた。長男の健さんは、お別れの会の挨拶で、「父の言葉で私が一番覚えているのは、『俺は行動しか信じない。口で立派なことばっかり言わんで行動で示せ』という言葉です」と語った。

中村医師は家族に対しては直截的に話をしていたことに驚くと同時に安堵した。勝手な納得だが、中村さんも普通の人間だったということ。家族という最も頼りにする人間には、自分の思いをさらけ出す。自分自身の折り合いをつけていたという事実に安堵したのである。他者を助けることに邁進する中村医師を見続けて、大変な功績を重ねても、偉ぶることなく、声高に語ることもなく、その姿勢は美しすぎるとさえ思っていた。そういう意味で人間・中村哲を垣間見たのは印象深いものとなった。

秋子さんは、インタビューの最後で「父のやってきたことを知りたいという思いがある。これから自分の人生の中でペシャワール会の活動に重きを置いてもいいかなと思っている」と話した。中村医師亡き後、未来にも繋がる希望を感じた時間でもあった。

記録としての「良心の実弾」

「良心の実弾」の撮影では、福山博樹カメラマンのカメラワークが異彩を放った。証言者ごとにライトを決め、アングルも決めて撮影したのである。ライティングは明確に色の違いが出ている。私は制作の構成方針についてスタッフとはじっくりと話すが、撮影の手法は細かく指示せず、基本的に任せている。編集のファーストランを見た時、見たことがない画面展開に唖然とするくらいに違和感を覚えた。しかし、福山、河村両君は「この番組は『証言集』であり、一人一人の言葉を大切にしないといけない。理解しやすくするために登場人物を特徴付けるべきだと考えた」と主張する。そう言われて繰り返し見ていると不思議なもので、しっくりと来るのである。

番組の正味の長さは48分とした。ドキュメンタリーで基本となる長さである。しかし、編集に着手して早々に48分枠を後悔した。どうにも足らないのである。インタビューに応じてくださった方、過去の中村医師の1カット1カットはどれも魅力的で訴求力がある。自ずと時間を要する。番組を構成する上で難点となる冗長感があるとも思えない。番組の柱の一つは言葉を吟味してもらうことだ。カットの編集作業は苦行であった。

インタビューに答える赴任直後の中村医師・1985年

最後に番組のクライマックスの2つの映像について触れる。

中村医師がペシャワールに赴任直後の1985年に福岡で撮影されたKBCに残るアーカイブ映像と死の13日前の2019年11月に撮影された中村医師の写真だ。

アーカイブ映像のことを私は番組制作を本格化させるまで知らなかった。自分が1992年に取材した映像が最古のものだと思い込んでいた。ところが改めて調べるともっと古いものがある。しかもインタビューがあることが分かったのだがその内容に圧倒された。

（中村医師）「医療の仕事に携わる者として、まあ、喜ばれるところで働きたいっちゅうか。徐々に、着実に、向こうに何か遺るものをひとつは作っていきたいと思います」

私は胸がいっぱいになりモニターに向かって頭を垂れてしまった。「その通りに実践されたじゃないですか。中村先生」と語る自分がいた。

同時に我々の仕事の意義を考えさせられた。継続して記録することの重要性だ。組織ジャーナリズムの強みも思った。

死の13日前の中村医師の写真は、満面の笑みを映し出している。見たことが無いほどの笑顔である。先に記述したが過酷な日々を送る中村医師の表情はいつも険しい。写真は中村医師をもっとも長く取材している日本電波ニュース社の谷津賢二さんがペシャワール会の事務所で撮影した。用水路建設の工程を映像とグラフィックを使って制作し、アフガニスタンの現地語ダリ語で解説したDVDを始めて見た後の笑顔だ。DVDは現地の人々の今後の用水路建設の教材となる。

ペシャワール会の藤田千代子さんは、「この時、中村先生は用水路に初めて水を通した時より笑っていた。『これ！　これ！　これを待っていたんだ』と話した」と爽やかな笑顔で語った。

私はこの写真を見せてもらった時、中村医師がことを成し遂げて笑顔で逝ったことに万感の思いを込めて、迷わず「良心の実弾」のラストカットに決めた。

＊【コラム】中村哲を捉えた20日間　小林俊司（九州朝日放送＝ＫＢＣ元カメラマン）

カメラマンだった頃、人間を捉えるドキュメンタリー取材での自分の信念は、「脇役がいて主役が成り立つ」「人が思いを語る時、顔だけでなく手や肩など体全体で表現をする。それをどう捉えるか」という姿勢を貫くことであった。

臼井記者とともにパキスタンのペシャワールから辺境の無医村地区を、さらに要衝カイバル峠を越えてアフガニスタンのダラエヌールに赴き、医師・中村哲を20日間にわたり取材した。ペシャワール・ミッション病院のハンセン病棟、ダラエヌールに開設したばかりの診療所、破壊され尽くし、緑が一切無くなったアフガンの大地など中村医師を取り巻く「脇役」は、現地の言葉や事情が完全には理解できない中ではあったが、落ち着いて淡々とカメラに収めることができたと考えている。

そして、「主役」の中村医師のインタビューに臨む。

仕事を終えて戻ってきた中村医師は、部屋の板張りに座りながらインタビューに応じてくれた。私はこの時、中村医師が患者に寄り添いながら診ている姿を思い浮かべた。それと同じように、カメラを構えるのではなく、カメラを「抱きかかえる」ことで中村医師の言葉を収めていくことにした。

中村医師は語るにつれ、医師というよりも、ジャーナリストのようであった。経験から発せられた言葉に上滑りがない。時代を見据えている。

そして、この時、中村医師は記者に向かってではなく、カメラマンである自分に思いをぶつけてきたと考えている。あたかも「筆」を走らせるがごとく。

「民が暮らせなくなるまで大地を破壊し尽くした戦争。その影響で水は無くなり、自然破壊、干ばつと負の連鎖となっている。しかし、我々は大地を元の姿に少しでも近づけ、生活出来るように手助けを続けていく」と語った。

収録テープは30分毎に交換せざるを得ない。その時だけは筆を止めてもらった。

中村医師の思いが語られた時の私の撮影の信念。この時のカメラの画角は、「膝を抱え、大好きなたばこをふかしながら語る中村哲」であった。このシーンが撮影できたことで、私は「中村哲」を捉えたと確信した。

この後、中村医師の活動は「生きるための水」を確保するための井戸掘り、そして、用水路の建設へとつながっていくのである。中村哲医師は、30年前、我々が取材した当初から、「地元民が生きるため、民自身の手でできる策を考え、それに手助けをしていく」と語っていた。この信念はいささかも変わることはなく、確実に引き継がれている。

＊

1959年1月生まれ。1982年KBC入社。映像部長、管財部長などを歴任。

ドキュメンタリーは「汚辱の証言～朝鮮人従軍慰安婦の戦後・1992年」、「国境を越えて～ペシャワールの日本人医師・1992年」などを撮影。

取材する覚悟　直視する苦しみ

神戸　金史（ＲＫＢ毎日放送・記者）

Ⅰ　不寛容の時代

ローカル局の「東京駐在」記者

福岡のローカル民放、ＲＫＢ毎日放送に転職して18年が経つ。前職の新聞記者時代（14年間）のうち2年間は記者交換でＲＫＢに出向していたから、放送局で働いている期間は通算20年だ。大半は、ニュース報道に携わってきた。

報道の世界では、日々の出来事をいち早く、的確に報じることが何より重要だ。しかし日々に忙殺されていると、「この話は大切だから、もっと掘り下げないと」と思ってもやり過ごしてしまうテーマが無数に生まれる。だから、そのごく一部ではあるけれど、「自分だけは忘れてはいけない」と感じたテーマを長めのニュース企画やドキュメンタリーで表現しようとしてきた。

２０１６～20年に東京に単身赴任したのは、「東京報道部」という新設部署ができたからだ。

新聞でもテレビでも、東京発の情報は中央の視点で語られる。特定の地方に住む人にとってとても重要なニュースだったとしても、全国放送を担っている東京のキー局にしてみれば「そんな一部地域のためだけのニュースを取材している余裕はない」とスルーされてしまう。そんなニーズに応えるため、ローカル局が東京に取材拠点を持ったわけだ。

ＴＢＳ系列の地方局は全国に27局あり、「ＪＮＮニュースネットワーク」を構成している。規模の大きな準キー局（大阪・名古屋）は東京に報道・制作部門の専従チームを置いている。しかし、ローカル局のＲＫＢでは記者の私が１人いるだけ。カメラマンすらいないのだ。これで一体、何ができるのか。日々のニュース取材の頻度は多くはない。いずれは「ローカル局の記者が東京でも取材するドキュメンタリー」を作るべきだ、と思っていた。だが、具体案はない。ＲＫＢ東京報道部は２０１６年４月、手探りでスタートした。

「やまゆり園」障害者殺傷事件

２０１６年７月26日朝、スマホのニュース速報に気づいた。神奈川県相模原市の障害者施設「津久井やまゆり園」に男が深夜刃物を持って侵入し、多数の障害者が刺されて犠牲者も出ている、という。すぐに赤坂のＴＢＳに向かった。報道局内はごった返していて、午前10時台の番組を差し替えて１時間の緊急報道特別番組が始まった。

「次、現場の中継行くよ！……はい、しゃべって！」

社会部の内野優《すぐる》記者が中継に立った。彼は、現場近くの民家に設置された防犯カメラの映像を入手していた。映像には、真夜中に車を停めて、何かをトランクから出してやまゆり園に向かう男が映し出されていた。手に持っているのは、おそらく刃物だ。紛れもないスクープだった。ＴＢＳの報道局長に「初動も早かったし、テレビらしい映像スクープもあった。みんなそれぞれ記者の基本動作がしっかりしていて、素晴らしい特番でした」と声をかけた。

やまゆり園事件は、社会に大きな衝撃を与えた。19人という死者数は戦後最多（２０１６年当時）だった。

だが、衝撃の大きさは、人数だけの理由ではない。「重度の障害者には、生きる価値がない」という犯人・植松聖《さとし》（当時26歳）の供述が報じられていた。植松容疑者は、やまゆり園の元職員だ。福祉の現場にいた人が、入所者を「生きる価値がない」と断じ、刃物で命を奪った。ある属性を持つ人を無差別に攻撃する、いわゆる「ヘイトクライム」（憎悪犯罪）に当たる。

日本で起きた最悪のヘイトクライムは、１９２３年（大正12年）の関東大震災後に各地で起きた朝鮮人虐殺だ。

「朝鮮人が井戸に毒を入れた」「武装して各地を襲撃している」。震災後の大混乱の最中に広がったデマを、新聞はそのまま報じた。民衆はあちこちで、見知らぬ人を捕まえては「朝鮮人か?!」と問い詰め、日本語がきれいに発音できなければ殺害した。軍や警察も殺害に関与した。被害者は数千人に上るが、正確な人数は今も分からない。日本人でも犠牲になった人々がいる。訛りのきつい地方出身者や、言葉をうまく話せない障害者だ。朝鮮人と見なされれば、殺された。やまゆり園事件は、戦後初めて起きた「ヘイトクライムによる大量殺人」だった。

実は、私の長男（当時17歳）は発達障害の一つ「自閉症」と、知的障害などを持って生まれてきた。発語は乏しく、４歳まではまったく意思疎通できなかった。ＴＢＳの特別番組が伝える、「重度の障害者には、生きる価値がない」「障害者がいなくなればいいと思った」という植松容疑者の供述は、ダイレクトに私の心も刺した。もし、やまゆり園に私の長男がいたら、植松に刺されていただろう……。想像すると、身体の芯が震え、ぐらつくような感覚があった。

想像を超えるＳＮＳ拡散

それからしばらく、ニュースは「やまゆり園事件」で埋まった。記者である私は、「この取材に参加すべきか」とも考えた。いや、北部九州地区の取材はＲＫＢが担当しているように、関東はＴＢＳの責任エリアだ。ローカル局の私がしゃしゃり出ていく必要は全くない。

では、障害児の父として、プライベートで事件批判を発信するか。ネット上ではすでに多くの福祉関係者や家族が、生命尊重を訴えている。だが「殺人はいけないことだが、植松の言っていることは分からなくもない」という声も多く見られ、正論は冷笑系のツイートに取り囲まれていた。社会に潜む「憎悪《ヘイト》」がむき出しになったように見えた。憎悪に対して正論を返しても、植松の同調者にいじり倒されるだけだ――。

やすりで心の中を削られているような気分で私は数日を過ごした。有象無象の「冷笑者」と対峙する気力は、なかった。

事件から3日後。被害者はずっと匿名のままだった。これは異例のことだ。警察は遺族感情を理由に、実名を公表しなかった。「被害者が障害者だから」「障害者が家族にいることを知られたくない人もいる」など理由は挙げられているが、どれも障害者差別のにおいがした。報道にも、ネット上の論調にもうんざりしていた。深夜、自宅に帰った私がパソコンに向かい、個人のフェイスブックに書いたのは、1000字あまりの文章だった。

私は、思うのです。
長男が、もし障害を持っていなければ。
あなたはもっと、普通の生活を送れていたかもしれないと。
私は、考えてしまうのです。
長男が、もし障害を持っていなければ。
私たちはもっと楽に暮らしていけたかもしれないと。

何度も夢を見ました。

「お父さん、朝だよ、起きてよ」長男が私を揺り起こしに来るのです。

「ほら、障害なんてなかったろ。心配しすぎなんだよ」

夢の中で、私は妻に話しかけます。


そして目が覚めると、いつもの通りの朝なのです。

言葉のしゃべれない長男が、騒いでいます。

何と言っているのか、私には分かりません。


ああ。

またこんな夢を見てしまった。

ああ。

ごめんね。


幼い次男は、「お兄ちゃんはしゃべれないんだよ」と言います。

いずれ「お前の兄ちゃんは馬鹿だ」と言われ、泣くんだろう。

想像すると、私は朝食が喉を通らなくなります。

そんな朝を何度も過ごして、突然気が付いたのです。

弟よ、お前は人にいじめられるかもしれないが、
人をいじめる人にはならないだろう。

生まれた時から、障害のある兄ちゃんがいた。
お前の人格は、この兄ちゃんがいた環境で形作られたのだ。
お前は優しい、いい男に育つだろう。

それから、私ははたと気付いたのです。

あなたが生まれたことで、
私たち夫婦は悩み考え、
それまでとは違う人生を生きてきた。
親である私たちでさえ、
あなたが生まれなかったら、今の私たちではないのだね。

ああ、息子よ。

誰もが、健常で生きることはできない。
誰かが、障害をもって生きていかなければならない。

なぜ、今まで気づかなかったのだろう。

私の周りにだって、生まれる前に息絶えた子が、いたはずだ。
生まれた時から重い障害のある子が、いたはずだ。

交通事故に遭って、車いすで暮らす小学生が、
雷に遭って、寝たきりになった中学生が、
おかしなワクチン注射を受け、普通に暮らせなくなった高校生が、
嘱望されていたのに突然の病に倒れた大人が、
実は私の周りには、いたはずだ。

私は、運よく生きてきただけだった。
それは、誰かが背負ってくれたからだったのだ。

息子よ。

君は、弟の代わりに、
同級生の代わりに、
私の代わりに、
障害をもって生まれてきた。

老いて寝たきりになる人は、たくさんいる。
事故で、唐突に人生を終わる人もいる。
人生の最後は誰も動けなくなる。
誰もが、次第に障害を負いながら生きていくのだね。

息子よ。
あなたが指し示していたのは、私自身のことだった。

息子よ。
そのままで、いい。

それで、うちの子。
それが、うちの子。
あなたが生まれてきてくれてよかった。
私はそう思っている。

父より（2016年7月29日　フェイスブックに投稿）

長男の障害が分かってから私が考えてきたことを、年月に沿って書いただけのものだ。やまゆり事件には、全く触れていない。だが、この短文はネット上で急速にシェアされていった。すぐに、インターネットのニュースサイト『BUZZFEED　JAPAN』創刊編集長の古田大輔さんから連絡が来て、全文が掲載された。TBSテレビ『NEWS23』編集長の萩原《はぎはら》豊さんからも、「全文を朗読したい」と要請された。スタジオでは番組キャスターと私が話し合う場面が放送された。全文朗読とスタジオの様子は、計10分程度。映像はTBSのニュースサイトで公開された。数日後、私が気づいた時には1万3000回以上シェアされていた。

旧知の2人がすぐに連絡してきた理由は、私にはよくわかった。メディアが、植松容疑者の憎悪を社会に拡散させてしまっている現状に、危機感を抱いていたからだ。2人は、「カウンターとなる言葉」を求めていた。そして、危機感を共有している多くの人々が、私の言葉を社会に拡散しようとしたのだった。

『NEWS23』を見た出版社「ブックマン社」の小宮亜里《あり》編集長から依頼され、事件から3か月が経つのに合わせて『障害を持つ息子へ』という本を緊急出版した。この出版の告知もバズを継続する材料となって、ネット書店で事前に予約する動きが広がった。

朝日新聞と毎日新聞もそれぞれ記事をネットにアップし、拡散を加速させる「燃料」となった。既存メディアとネットメディアで相乗的・継続的に話題になることで、この文章を巡るバズは数か月間にわたって続いていく。

だが、自分が話題の渦中にいても、かなり冷ややかに私は状況を見つめていた。そもそも、こんな酷い事件が起こらなければ、存在しなかった文章だからだ。

しかし、この短文を書いたことから、いくつかのドキュメンタリーが生まれてくることになるとは想像もしていなかった。

1年放置してからの取材開始

正直に告白すると、障害者を家族に持つ個人としてはプライベートで発信したものの、記者として取材すること自体は躊躇《ちゅうちょ》していた。

植松容疑者が平然と口にした「生きている価値がない」という障害者殺害の動機。「生命は何よりも大事だ」という一般論を掲げ、反論することはできる。だが、その正論で彼の非道を圧倒できるだろうか。匿名のあざけりが無数に襲ってくる状況で、正論を提示することは何か意味を持つだろうか。私は障害者が家族にいる。「公私混同」との批判も容易に想像できた。

ほかにも、大きな問題があった。

ドキュメンタリーを制作する時に、どんな立場に自分の身を置いて制作するのか——。普通は、記者やディレクターである立場。取材相手に向き合い、見聞きしたことを正確かつコンパクトに伝えていく、客観的な姿勢が求められる。だが、この事件を報じるならば、私自身と、私の長男を番組に出さなくては意味がない。その場合、自分がいかに傷ついているかも正直に出さないといけない。

本音を言えば、彼のヘイトに対峙した時に、精神的に耐えられるか、自信が持てなかった。私は、壊れてしまうのではないだろうか……。彼の主張に反論することさえ、できなくなってしまうのではないだろうか？　取材に取り組むことを避け、ずるずる先送りにした。私は逃げていたのだ。そして時間が経った。

事件の翌2017年4月、大阪の歌手、パギやんと出会った。フェイスブックで私の文章を読んだパギやんからリクエストを受けてつながりが生まれ、東京でのライブに顔を出した。在日2

世の彼は、私の文章を一字一句削らず、そのまま歌詞として曲を付け歌ってくれることになった。その音源が届いたのは、事件からまもなく1年になろうとする7月だった。

1000字あまりの文章を歌詞にしたので、曲は8分以上ある長いものになった。せっかくなら、この音源をYouTubeで公開してみようと考えた。SNS上で私は、「障害を持つ家族を、いとおしいと思っている写真をください」と呼びかけた。60人以上から寄せられた写真でスライドショーを作り、パギやんの歌に乗せてみた。「私たちの家族には、名前も顔もあるのだ」と伝えたかった。

個人的なYouTube動画の公開だけではなく、パギやんの曲を地上波で放送できないだろうか。だがテレビで放送するには長すぎる。TBSラジオの鳥山穣《じょう》さんと8月に居酒屋で一緒になった際、「ラジオで流せないだろうか」と相談してみたところ、即座に「TBSラジオとRKBで共同制作の特番を作りませんか。歌のほかに、ヤマ場があと2つくらいあれば、1時間のラジオドキュメンタリーになるのでは？」と持ち掛けられた。

事件発生から1年が過ぎ、報道は極端に少なくなっていた。今なら、私が取り組んでもいいかもしれない。いや、「障害児を持つ記者」である自分にしかできないことがある、と思えてきた。こうして、やっと私はドキュメンタリーの制作に乗り出すことにした。覚悟を固めるのに、1年以上の時間が必要だった。

キーワードは「線を引く」

私は事件の前から、「ある人々との間に一線を引き、向こう側の人々の尊厳を否定する」という行為が気になって仕方なかった。街中で「韓国と断交しろ」「在日は朝鮮半島に帰れ」とヘイトスピーチを叫ぶ人々を福岡で撮影したのは、２０１４年のことだった。「このヘイトスピーチをそのまま放送に乗せていいのか」と躊躇《ちゅうちょ》して、放送はしなかった。しかし、私が報道しなくても、不寛容は地下茎のように社会にはびこっていった。ヘイトの醜悪な実態を知らせることを、ためらってはいけなかったのだ。この後悔が、ずっと私の中には残っていた。

ラジオドキュメンタリーの企画書を書いた。仮タイトルは、『線を引く人たち』。植松聖被告は、自分と障害者との間に明らかな一線を引いた。番組は、やまゆり園事件を縦軸に置く。「障害児を持つ記者」として、私自身の立場を明らかにして、取材を進めていく。つまり、「私」という一人称の視点で描く番組だ。

そして、事件以外の「線を引く行為」として採り上げようと思ったのは、もちろんヘイトスピーチ。また、自民党の杉田水脈《みお》衆院議員が性的マイノリティを念頭に２０１８年に雑誌に書いた、「彼ら彼女らは、生産性がないのです」という言葉。これもまた、相手との間に「一線」を引き、線の向こう側の人たちの「尊厳を否定する言動」だ。それは、やまゆり園事件で「生存を否定する行為」にまで発展していた。これらを「線を引く」という言葉で俯瞰してみることはできないか。

企画書を受け取った鳥山さんは数日後、「スクラッチ」というワードを返してきた。英語の「SCRATCH」には、「ガリガリと削る」「地面に線を引く」という意味がある。線を引く行為を「スクラッチ」と名付ける。植松被告の言動やヘイトスピーチなど、さまざまな「線を引く行為」を番組内で示す時に、ガリガリと線を引く共通した効果音を使う。この提案は魅力的だった。一見関係がないようにみえる場面でも、同じ音が使われることで、排他意識が底流でつながっていることを示せる。

番組のタイトルは「SCRATCH　線を引く人たち』とし、放送はTBS（関東エリア）とRKB（北部九州エリア）で同じ2017年12月29日と定まった。

そのころ、東京・新宿で、北朝鮮のミサイル発射に抗議するデモが予定されていた。だが、主催するのは日本第一党の桜井誠党首（福岡県出身）。ヘイトスピーチの中心人物だ。北朝鮮への抗議の形をとりながら、在日コリアンへのヘイトとなることが予想され、デジカメを持って撮影に行った。

出発地の公園には、日の丸や旭日旗を揚げる人々が200人ほど集まっていた。出発したデモ隊は、「北の悪豚《わるぶた》を丸焼きにするぞー!」と叫んだ。プラカードには「核戦争には慣れている試してみるか?」とあった。被爆者の苦しみを知るなら、ありえない表現だ。予想通り、「韓国死ね」というプラカードもある。北朝鮮のミサイルに抗議するのではなかったのか?

こうしたレイシズム（人種差別主義）に反対し、ヘイトスピーチへの抗議に集まってくる人た

ヘイトデモ参加者が掲げていたプラカード

ちは、「カウンター」と呼ばれる。拡声器で「ヘイトスピーチを止めろ！」と大音量を出すのは、ヘイトスピーチをかき消し、攻撃を受ける人たちの耳に届かないようにするためだ。

歩道の女性が声を上げた。

「ヘイトスピーチは法律違反です。警察は、ヘイトスピーチを止めさせてください。差別に反対！」

桜井党首はマイクで「さっさと朝鮮半島に帰れよ！」と叫んだ。「ヘイトスピーチをやってんのはお前らの方なんだよ！　ふざけるんじゃねえぞ、てめえら！　おい、かかってこいよ、そこの兄ちゃん！　おいどうした、それで終わりかい！　アンニョンハセヨ？　アンニョンハセヨ？　どうしたの？」

聞くに堪えない罵声が続く。沿道の人たちは、何が起こっているのか、と目を瞠《みは》っている。こうやって、差別に触れる場面が生まれ、社会にじわじわと影響が出てくる。「これほど怒っている人がいるのだから、やはり北朝鮮・韓国は何かおかしいのだろう」という印象を持ったり、「やりすぎだが、分からなくもない」と思ったりする人が出る。植松被告の言動を巡るネット上の意見と、同様の構造だ。日本第一党とカウンターの人たちの怒鳴り合いの応酬を見て、「反対している人もデモしている人も、どっちも迷惑」と考える人も出る。何と不毛なことか。

相手との間に引いた「線」。その向こう側の人たちの尊厳を否定する行為。やはり、植松被告と共通するように感じた。

植松被告からの手紙

「ガリガリ」という効果音は、夜中に鳥山さんと赤坂の児童公園で収録することにした。コーヒーの缶やレンガなどを持ち寄って、一つ一つ試しに地面に線を引き、その音を収録して比較する。暗い公園でよく分からない行動を取っている2人の男。はた目には、かなり不審に見えただろう。最終的に、ワンタッチ傘の先で地面をこすった音を採用することにした。

だが、私には鳥山さんに伝えていないことがあった。植松被告本人を、取材すべきなのではないか。障害者の大量殺人犯と、障害児を息子に持つ記者の直接の対峙だ。鳥山さんに話せば、「ぜひ、番組に入れましょう！」と言うに決まっていたからだ。——そうなることを、私は恐れていた。

TBS社会部の西村匡史《ただし》記者が、横浜拘置支所にいる植松被告と5回にわたって面会した内容を『報道特集』で伝えたのは、２０１７年10月21日だった。確信犯である植松被告は自らの行為を何も反省せずに、正当化していた。植松被告は、重度の障害者を指して「心失者」と呼んでいる。植松被告の造語だという。被告は、重い障害を持つ人には心がない、と判断しているのだった。

西村記者は、面会実現のために何度も手紙をやり取りした、という。私はこの1年あまり、事件を直視することから逃げ続けてきた。手紙を出せば、会える可能性がある取材対象。なのに会おうとしない私は、「記者」と名乗ることができないように思えた。どんな手紙なら面会を了承するだろうか。西村記者に協力してもらい、植松被告に取材を申し込む文面を用意した。

植松聖さま、はじめまして。私は、福岡市にあるＴＢＳ系列の放送局、ＲＫＢ毎日放送という会社に勤めている記者で、現在50歳です。

報道では、「障害者は不幸しかもたらさない」「生きていても仕方がない」といった供述内容が伝えられています。あなたは本当に、そのように考えておられるのでしょうか。そうならば、どうしてなのでしょうか。

私は、直接うかがってみたいと思うようになりました。私は、重い障害を持っている子の親です。家族である私に対して、「なぜ事件を起こしたか」を自分の口から説明してみたい、とは思いませんか。

面会を承諾する自筆の返事が届いたのは、11月上旬だった。だが、文面を読んで私はかなり動揺した。

目の前に助けるべき人がいれば助け、殺すべき者がいれば殺すのも致し方がありません。

重い障害を持っている子の親に、こんな話し《ママ》は誰もしたくありません。もちろん自分の子どもが可愛いのは当然かもしれませんが、いつまで生かしておくつもりなのでしょうか。

今も殺人を肯定している彼の視線は、私の家族に向いていた。この人と会って、私は普通の取材のように平然としゃべれるだろうか。分かり合うつもりがない殺人犯に、何を語りかけるべきなのか。議論の末に、相手の立場に近づき理解し合うことが想定されない面会に、そもそも意味があるのだろうか。結果、私は深く傷けられるだけなのではないか——。

すっぽかすことも脳裏をよぎった。覚悟を決めるまでに、1週間を要した。こちらから面会を頼んでおきながら、断るという選択肢は存在しないのだ。

だが、面会の様子を想像すると、食欲がなくなった。植松被告は、返信にあるような障害者差別に満ちた持論を展開するだろう。記者として、それをそのまま伝えていいのか。舌なめずりして植松被告は私を待っているようにも感じた。記者としての取材に、父親である私は耐えられるのか。心が壊れるかもしれない。助けが欲しかった。

面会当日の午後、北九州市でホームレス支援を続けている東八幡キリスト教会の奥田知志《ともし》牧師と会うことにした。奥田牧師はたまたまその日上京しているという。TBSに来てもらい、植松被告の言葉を伝え、どう考えるかをインタビューする。取材はもちろん番組構成上必要だと思ったからなのだが、本当の目的は別にあった。万一、大きな精神的なダメージを受けていたら相談に乗ってほしい、と私はすがるような思いを持っていた。

植松被告から指定された面会日は12月12日だった。完成した音声の納品から逆算すると、16日にはナレーションを録っておかないと編集が間に合わない。植松被告との面会と奥田牧師インタビューを終えてから4日以内に、台本を確定する必要がある。かなりの力技になる。

手紙には3枚の絵が同封されていた。拘置所内で、蛍光ペンやボールペンで描いたという「鯉」と「龍」のイラストは、とても上手なものだった。だが、入れ墨のようなデザインで、ちょっと気味の悪さも漂う（植松被告は体にタトゥーを入れている）。

もう1枚は、よだれを垂らし目の焦点が合っていない男性の絵。ほかの2枚に比べると、投げやりな描き方だ。大麻の愛好者で解禁を主張している植松被告。「薬物の世界を描いているのかな？」と思った。

実際に会った植松青年

2017年12月12日朝、私とTBSラジオの鳥山さんは横浜拘置支所の門前に立った。もう一人、同行してもらったのが中国放送（略称RCC、広島市）の高橋邦広さん。私と同じ東京に駐在する報道記者だが、元はカメラマン。将来ありうるテレビ番組化のため、私たちの取材の様子を映像としても記録してもらう。

敷地への入構ゲートで、スマホなどの電子機器をすべてロッカーに入れた。録音は禁止されている。金属探知機のチェックを受け、歩いて建物の入り口へと向かった。その様子を、高橋カメラマンは敷地の外から撮っている。待合室で10分ほど待つと、スピーカーから「第2面会室にお入りください」とアナウンスが流れた。

指示されたドアを開けると、廊下の右側にドアが10個以上ずらりと並んでいた。「こんな風になっているのか」と驚きながら、2つめを開けた。第2面会室の中は、横に3人が並んで椅子に座ればいっぱいになってしまうほどの狭さだった。正面のアクリル板の向こうには、同じような狭い部屋があり、すぐに軽く礼をして彼が入ってきた。

「ご足労、ありがとうございます」

言い終わると、植松被告はもう一度頭を下げた。

アクリル板で隔てられたこちら側に私たちが2人、向こう側には植松被告、その後ろに立会人の刑務官が座った。

黒いダウンジャケットに、薄い紫のフリース。下は濃いグレーのスウェットパンツに、黒っぽいサンダルを履いていた。逮捕後伸ばしているという長い髪は後ろで束ねてあり、先の方だけ逮捕当時の金髪の色が残っていた。ひげはきれいに剃り、眉毛も整えている。

許可された面会時間は30分間だ。

神戸　なぜ僕と会おうと思ったのです？

植松　神戸さんのように、重度の障害があるお子さんを持つ記者の方と会うのは、初めてなので。

神戸　拘置所にいると、話し相手もいないでしょう？　せっかくなので、ケンカをするのではなくて、お互いに少しでもわかり合おうとしてみましょう。時に、あなたは嫌な思いもするかもしれませんが、それは私も同じなので、話してみましょう。

植松　まったくです。

少し猫背で、色白の植松被告。声はか細く、言葉遣いはとても丁寧で、そして少し笑みを浮かべていた。返信に書いてきた言葉の恐ろしさとは違い、目の前の植松被告は、か細く、ひ弱に見えた。

返信に同封してあった絵のお礼を伝え、「すごく上手ですね」と言うとうれしそうだった。だが「あの絵の男性は、薬物中毒なのですか？」と聞くと、植松被告は呆れたような表情を浮かべ、「あれは心失者ですよ」と言った。背筋に冷たいものが走った。障害者に対する侮蔑を、わざわざ絵にして送ってきていたのだ。

私はまず、「心失者」の定義を質問した。

神戸　あなたは、「意思疎通ができない人」のことを、心を失っている人、「心失者」と呼んでいますが、具体的にどういう人を指して言っているのですか。
植松　名前と、年齢と、住所を言えない人です。

いきなり、衝撃を受けた。そんな単純な基準だとは想像もしていなかったからだ。彼はやまゆり園に勤めていたのに、多様な障害があることは念頭にない。言葉をきちんと聞き出すため、努めて冷静に話しかけた。

神戸　事件の当日は真夜中で、みんな寝ていたでしょう。どうやって「心失者」かどうかを見分けたのですか？
植松　起こしました。「おはようございます」と答えられた人は、刺していません。

予想を超えている。「おはよう」としゃべれなかったら、殺されていた。深夜に目を覚ますと、血まみれの刃物を振りかざしている男が枕元にいて「おはようございます」とあいさつしてきたら……私は、おそらく恐怖で返事もできないだろう。

神戸　私の子供は、はっきりとした言葉は話せないが、私は言っていることが大体わかります。

植松　恐縮なんですけど、言っていることを親だけがわかるというのは、意思疎通が取れているとは言えないです。

神戸　では、うちの子がもしやまゆり園に入所していたとしたら、殺す対象だったということですか？

植松　その時になってみないとわからないですね。

神戸　うちの子は、字は書けるんです。名前も年齢も、住所だって書けると思いますが、それでも殺すんですか。

植松　書くことができるんだったら、いいんじゃないすか。手話とか、しゃべれない人には方法があるんです。家族が擁護するのは、当たり前なんですよ。

神戸　誰でも、周りに迷惑をかけながら生きています。社会がそれは必要だと認めたら、お金をかけているんです。例えば、義務教育は税金で賄っているし、大学だって助成金を受けて運営されている。あなたも、大学には行ったでしょう。障害者福祉も、社会が認めてお金を使っているわけですよ？

植松　義務教育は、義務教育です。

神戸　生活保護も、同じだと思いますよ？　あなたも一時は受けていたでしょう。

植松　そうですね。でも建前ですよ。だから、国が間違っているんです。民主主義なんてものは、お遊びなんですよ。

神戸　あなた自身にもコストが投入されているのですよ？
植松　それはそうだと思います。ただ、私自身は大それたものではないですし。でも障害者は間違っています。今後、人の役に立つことはできない。安楽死、尊厳死を考えるべきです。
神戸　それは間違っていると思いますね。

「落とし物を届けただけ」という浅はかさ

面会開始から15分、少しやり取りが激しくなってきたので、話題を変えた。

神戸　雑誌の手記を読んだんですけども、やまゆり園で誰かが亡くなった時に開く「プチ葬式」で、入所者が「おやつは？」と聞いたので、あなたは「ああ、人の感情を持たないんだな、と感じた」と書いていましたね。
植松　はい、「人の概念とかがわからない」というか。
神戸　自閉症などの発達障害のある人は、決まった時間に決まったことをすることで、自分を安定させている人も多いでしょう？　いつも一緒にいた人がいなくなって悲しいと思っていたとしても、お葬式の時におやつの時間が来れば、「どうしたらいいんだろう？」と聞くことは十分あると思いますよ。

植松　そうなのですかね。分かりません。
神戸　え、あなた、施設に勤めていたのに、本当に知らないんですか？
植松　そうなのかも、しれないですけど。でも、人としての感情がないことはわかっています。家族がそう思おうと思えば、思えるんじゃないですかね。神戸さんのおっしゃることはわかるけれど、他人に分からなければ、意味がないんです。神戸さん、コミュニケーションが取れているとか、そう思いたいのは、こちら側の意見です。
神戸　確固とした信念があってやったのですか。後悔はないのですか。
植松　反省する点はありますが、後悔ということではありません。
神戸　反省とは、安楽死させられなかったということ？
植松　そうです。
神戸　あなたは、かなり苦痛を与えたと思いますよ。
植松　痛みと苦痛を与えてしまったのかもしれません。

タイマーのアラームが鳴った。残り時間は、５分だ。

神戸　生と死を司《つかさど》るのは、神のやることなんじゃないんですか。あなたは神なのですか？
植松　そんなことは言っていません。恐縮ですよ。みんながもっとしっかり考えるべきなんです。考えないからやったんです。私は、気付いたから。

神戸　歴史学者も哲学者も世界史上にはたくさんいたのに、なぜあなただけが気付くことができるんです？
植松　私はたまたま仕事をして、気付いてしまったので、仕方ないんです。
神戸　一体、いつからそんな風に思ったの？
植松　最近のことですよ、気付いたのは。１月くらいです。

事件を起こしたのは２０１６年７月。半年前の１月に思いつき、翌２月には衆議院議長に犯行を予告する手紙を出していたことになる。「思いついてから、そんなに短期間で行動し始めたのか」と、私はとても驚いた。

神戸　どうしてそんなに自信があるの？
植松　自信があるというか、「人間ではない」と確信を持ったんです。
神戸　あなたは一線を引いたのですか？
植松　そうです。
神戸　どうして、あなたが線を引く権利があるのですか。
植松　じゃあ、誰が決めればいいんですか?!　気付いてしまったんだから。落し物を拾ったら届ける、当たり前ですよね。それと同じような感覚ですよ。
神戸　それは間違っていますよ。

30分間の面会が終わった。帰り際、「また話に来ていいですか」と聞くと、植松被告は「どうぞ」と笑みを浮かべた。拘置支所の門を出ると、鳥山さんがラジオ用の音声収録機器を私に向け「会えましたね」と話を振った（RCC高橋カメラマンは、この様子を動画で撮影している）。

「会えました……。印象は、ごくごく普通の青年ですね。率直な印象を言うと、かなり浅はかだなと思いました。すごく薄っぺらい知識で、重大なことを判断してしまってる。実際に私は、障害のある子供を持っている父親として会った時に、『恐怖感を感じるんじゃないか』とずっと思っていたんですが、全く感じなかったですね。むしろ、『なぜこの程度の考えで、こんなことをしてしまったんだろう』という疑問の方が先に立ちました。かなり驚きました」

植松被告は接見中に何度か、自分のことを「ブサイクだ」と言った。「そんなことはないですよ」と言う私に、植松被告は強く否定し、「整形を重ねて、何とかここまで見られるようになったんです。ブサイクは、イケメンになる努力をしなければいけないんです」と言った。「どうしてそこまで卑下するのだろう」と疑問を感じた。

誰でも思春期には「もっと美しく生まれていれば」と考えるだろうが、次第に「悩んでも仕方のないことだ」と思うようになる。そして「まあ、自分はこんなもの」「でも、それなりに自分の顔は好きだよ」と、自己肯定の過程を歩む。初対面の私に「ブサイク」と何度も自嘲する植松被告。自己肯定感はかなり低いのが明らかだった。

また、彼の思考には一つの特徴が感じられた。イケメンとブサイクのように、両極端の言葉は出てくる。ただし、その「間」がないのだった。多くの人は、極端なイケメンでもなければ、極端なブサイクでもない。

私たちはみな「時代の子」

その日の午後、奥田知志牧師は東京・赤坂のTBSにやってきた。福岡県北九州市で30年以上にわたり、ホームレスの人たちの社会復帰を支援してきた。奥田さんたちが支え、自立していったのは3000人以上に上る。大きな精神的ダメージを受けていたら奥田牧師に助けを求めるつもりだったが、その必要はなかった。

私は、今朝会った植松被告の様子と発言内容について、奥田さんに説明した。すると、奥田さんは開口一番、「ホームレスや困窮者の支援を30年以上やって、いつかこういう時代が来るんじゃないかという嫌な予感を持っていた。これから何が起きるのか、すごく正直恐ろしい」と言った。

そして奥田さんは、植松被告は「社会から自分は認められていない、と感じていたのだろう」と推測した。

「若者が、この社会で仕事をしないで存在し続けるのは、相当なプレッシャーがかかる。そんな中で、彼は非常に誤った論理を組み立てちゃう。つまり、『自分は役立つ存在だ』『意味がない命ではない』という存在証明を、あの事件に込めてしまう。だから彼は胸を張って、衆院議長への手紙に『国家のミッションとして、自分にやらせてくれ』と書いた。それは『日本と世界の経済を救うためだ』と」

「でも、植松被告を『異様で異常な存在』だとして済ましてしまうのではなく、あの事件からは、まさに『私たち自身の生き辛さ』みたいなものが見える。街中からどこかに障害者を隔離することで、問題や課題がなくなったかのように勘違いさせている。そういう我々のあり方自体が実は問われているんです」

「神戸さんがフェイスブックに書かれた通り、誰もみないずれ動けなくなる。そういう人間の本質を無視して生きることはできない。誰もが『いずれ助けて』という日が来る。『今助けて』と言わざるを得ない人たちを、自分の将来として考えようという話も大事です。けれども、人間の本質として、実は誰も一人では生きていけないのです。『助けて』と言えることが必要だ、と考えないといけない」

そして、奥田さんは、大切な言葉を口にした。

「植松さんは加害者なんだけども、『時代の子』であることは確か。私もまた『時代の子』。そこに踏み込まないと、この事件を〝自分には関係ない事件〟としてスルーしてしまうんじゃないか」

『時代の子』という言葉は、腑に落ちた。奥田さんの言葉をつければ、植松被告の〝毒〟を中和できると考え、犯人との対話を盛り込むことを決めた。

パギやんの歌は、番組前半で全編を聴かせる。後半のヤマ場は、植松被告と私の緊迫した対峙だ。録音は禁止されていたので、やりとりをできるだけ正確に音声で再現して収録する。植松役はアナウンサーにお願いするのではなく、実際に立ち会った鳥山さんが担当することにした。

面会終了直後、鳥山さんがノートに書き記したメモをもとに、2人で顔を突き合わせ、できるだけ正確に文字に書き起こしていた。4日後、TBSラジオのスタジオで相対した私に鳥山さんは「手元の紙を読むのではなく、私の目を見てしゃべってください」と言った。身震いがした。そう、ここは横浜拘置支所の「第2面会室」なのだ。数日前の現実に呼び戻されたように、私と鳥山さんは正対して、言い回しや語調もできるだけ正確に再現していった。

すべての音声素材がそろい、私は台本を整えていった。鳥山さんは日中の仕事を終えた夜8時から朝4時ごろまで編集。私はその音声ファイルを持ち帰って台本を書き直し、また夜8時に持参する。猛烈なペースの編集作業を経て、ラジオドキュメンタリー『SCRATCH　線を引く人たち』は放送された。番組のラストナレーションで、私はこう書いている。

「私はもう一度、植松被告に会うつもりです」

「音だけのドキュメンタリー」に可能性

初めて取り組んだラジオドキュメンタリーの制作は、実に刺激的だった。テレビとは違う、音声メディアの可能性を知らされた。特徴的な点をまとめてみる。

(1)　動かないインタビューでも3分はいける

テレビ用語の「板付き」とは、三脚に据えた固定カメラで撮る、普通のインタビューの絵面《えづら》を指す。背景の映像がずっと同じで変わらないから「板付き」だ。視聴者に飽きられてしまうことを恐れ、「一度に使えるインタビューは、30秒以内」が、テレビ報道の常識だ。

しかし制作途中に鳥山さんから「きちんと聴かせられる内容があるなら、ラジオでは3分のインタビューが可能です」と言われ、驚いた。テレビの6倍もの長さである。奥田知志牧師のインタビューは、番組の締めにも当たる重要な内容であったので、大胆に長く使った。3分30秒あったが、違和感なく聴くことができた。

(2)　インタビューを細かく刻む編集が可能

インタビュー素材の中に使いたいフレーズがある時、普通は一定のまとまりで切り出すことになる。数秒ごとのフレーズをたくさん切り出してつないでも（こんなことは普通考えないが）、テレビでは絵がガタガタしてつなげない。

しかしラジオでは「絵」を考慮する必要がない。フレーズの前後を入れ替えたり、わずかな間を少し削ってスムーズにしたり、音声だけなら自在だ。過度の加工は避けるべきだが、取材対象者の真意をより正確に表せるなら、そのまま放送するより加工した方がいい。

(3) 映像より音による印象は深い

植松被告とのやり取りの再現は、何人もの方から「とても真に迫っていた」という声をいただいた。「まるで神戸さんの隣に自分が座って、植松の話を一緒に聞いているように感じた」と言った人は、一人ではなかった。テレビではこういう感想は出てこないように思う。

ラジオというメディアには、聴く人との間に強い共振性がある。進化の過程で、生物が「視覚」を獲得したのは比較的新しく、「聴覚」の方が脳のより古い部分を使っているからかもしれない。

(4) 現実の「尺」が、聴いた印象と違う

「尺」とは、放送の世界で「時間的な長さ」を意味するが、テレビ番組に慣れた身にとって、ラジオは尺の感じ方が違うのだ。植松被告と対峙した再現シーンは6分30秒程度だったが、それを言うと「そんなに短かっただろうか?」と驚かれた。重い場面にどっぷり入り込んでいる人は、

物理的な尺以上に「臨場感」「たっぷり感」を味わっている。

逆に、ラストの奥田さんのインタビューが3分30秒もあると知ると、多くの人から「そんなに長かった?」と驚かれた。物理的な秒数と、聴いた印象が違う。ラジオには、「尺のマジック」がある。テレビに慣れた私が感じた、音声メディアの魅力だ。

これほどの違いがあるなら、テレビの「常識」に浸かったまま、ラジオでドキュメンタリーを作ってはいけないことになる。ところが通常は、テレビで制作された番組が先にあって、音声だけを切り出してラジオを制作する場合が多い。だが、そうやって作られたラジオドキュメンタリーは、テレビから映像を抜いた音声がベースとなってしまう。これで、元のテレビのレベルを超えられるだろうか?　そうではなく、取材した映像素材に立ち戻り、新たな番組を作るつもりで取り組まないと、わざわざラジオ化する意味がない。

さらに考えを進めれば、いつもとは逆に、撮影した映像の音源だけを利用してラジオで先に番組化してから、全く違う構成でテレビ番組も作れば、とても面白いのではないか。ラジオの番組制作では、もちろん音声の魅力を最大限引き出す構成を選ぶ。テレビでは映像ならではの表現に変えるのだ。ラジオの制作体験により、ドキュメンタリーの可能性や魅力は私の中でさらに広がったように感じた。

障害者だけではなかった「標的」

ラジオドキュメンタリー『SCRATCH　線を引く人たち』の制作は終了していたが、植松被告とは散発的に面会を続けた。植松の話をゆっくりと咀嚼《そしゃく》し、時間をおいてから面会するという作業を続けた。やりとりをメモする役には、毎回違う人を呼んだ。同行してくれたのは、北九州市の奥田知志牧師、私の書籍を出版してくれたブックマン社の小宮亜里さん、神奈川県の「事件検証委員会」で委員長を務めた石渡《いしわた》和実・東洋英和女学院大学大学院教授、俳優の小木戸利光さんだ。30分の面会時間のうち、最後の5分はゲストにお渡しして質問してもらい、私がメモ役になった。そして、接見の後には、ゲストに感想をインタビューする。

植松被告の話の中で印象的だったのは、アメリカのトランプ大統領を絶賛していたことだ。「移民は要らないとか、国境に壁を作ってしまえとか、誰もが思っていても言えなかったことをちゃんと口に出して、さらに政策にして実現しています。トランプ大統領はすごいです」。彼は、こう言いたいのだ。

「みんな本当は、障害者など生きている価値はない、と思っている。僕は内心を表に出して行動しただけだ。トランプ大統領のように」

2018年6月。メモ役を石渡先生にお願いした3回目の面会に先立ち、私は一つの試みを準備していた。それは、自分を植松被告の立場に置いて、「事件を起こす自分を想像すること」だった。本当の動機は何なのか、彼の立場で思考する。彼の主張を否定せずに、その立場に自分の身を置く思考実験は、かなりの苦痛を伴った。

神戸　あなたのやった行為を決して認めることはできないけれど、私なりに想像してみたことを、聞いてもらえますか。
植松　はい。
神戸　あなたは、もしかすると、「障害児を育てていて、苦しんでいる母親を救いたい」と考えたのではないですか？
植松　はい。それはありました。
神戸　困っているお母さんを救うため、あの行動を起こしたのですか？
植松　はい、そうです。
神戸　そう思ったきっかけは何かあったのですか？
植松　入所している知的障害者が、ずっと走り回っている様子などを見てて、「お母さんの負担は大変なものだな」と思ったからです。

悪い想像が、当たってしまった。植松被告によると、ある時やまゆり園に来た母親の前で、入所者がパニックを起こした。柱の陰で、その母親は泣いていたという。

しかし「その母親と話したのか」と聞くと、「ただ見ただけで、話はしていない」と言う。ど

植松被告との面会（イラスト・小田啓典）

んな子供であっても、母親は子供の言動により泣くことはあるだろう。しかし、ずっと泣いているわけではない。障害児の母親であっても、子供を見守りながら笑みがこぼれることだってもちろんある。自分が見た一瞬だけを捉えて、「安楽死させるべきだ」という結論を簡単に導き出す「浅はかさ」がまたのぞいた。

私は努めて冷静に続けた。「あなたは、役に立つ人と立たない人と線を引いて、人間を分けて考えているようですね」。聞きたかったのは、次の質問だ。

神戸　もしかするとあなたは、「自分は役に立たない人間だ」と思っていたのではないですか。

植松　大して、存在価値がない人間だと思っています。

神戸　もしかすると、あなたは事件を起こしたことで、自分が「役に立つ人間」の側になった、と考えているのではないですか？

植松　少しは、「役に立つ人間」になったと思います。

そう言った時、植松被告は少しほほえんだ。障害者を殺害したのは、困っている親のためでもあり、実行したことで自分は「社会で役立つ側」に回ることができた。そんな私の想像を、彼は認めた。もう一つ、聞かなければならない質問を、私は口にした。

神戸　あなたは手紙で、「糞尿を垂れ流しながらでも生きていたいですか」と、私に聞いてきました。「心失者」には、認知症になったお年寄りも含まれるんでしょうか。

植松　そうです。

神戸　年を取ってコミュニケーションが取れなくなったら、命を絶つべきだということですか。

植松　その通りです。

やはり――。多くの人は、やまゆり園障害者殺傷事件を「自分とは関係のない事件」と考えている。しかし、植松被告が「安楽死させるべきだ」と指差すのは、私の長男のように、生まれながら障害を持った人だけではない。事故で後天的に障害を負い、寝たきりの人。認知症のお年寄り。そんな「他人に迷惑をかける人」は要らない、と彼は主張している。つまり、私たちの誰もが、『役に立たなくなった』と見なされれば、殺害の対象になる」ということだ。

このような思考に付き合うのは、心底疲弊する。これ以上会っても得るものは少ないように感じた。植松被告の考えはやはり浅く、一面的だ。4回目の面会の後、知らず足が遠のいた。

植松被告からの反撃

「久しぶりに会ってみようか」と思ったのは、半年ほど過ぎてからのことだった。植松被告からの返事には、面会可能日が2つ提示されていた。「両方とも行きますので、空けておいて」と返事した。5回目の面会は2019年2月7日。面会室に入ってきた彼の様子は、以前とは少し違っていた。生気がない。

神戸　ちょっと元気がないんじゃない?
植松　ふけました。時間の流れが早くなりました。
神戸　拘置所での暮らしは、どうですか?
植松　負担です。ご飯がまずいです。楽しみがないんです。

逮捕されて2年半、まだ裁判も始まっていない。彼は29歳になっていた。話題は飛び飛びで、会話はあまり進まなかった。

神戸　あなたは前に、『人生の楽しみとは、おいしいものを食べることと、大麻を吸うことと、セックスだ』と言っていましたよね。

植松　はい、そうです。

神戸　あなたはそれなりの刑を受けるでしょうから、残念ながら今後、あなたはどれも体験できないのではないですか？

私の意地悪な指摘に、植松被告は一瞬言葉に詰まった。

植松　その点では、後悔しています。でも、仕方がない。仕方がないんです。

植松被告は「仕方ないんです」と繰り返した。

次回は時間を置かず2月20日、コートは要らないほどの陽気に変わってきていた。顔を合わせると植松被告は唐突に、２０１７年６月に東海道新幹線の中で起きた事件の話を始めた。男がナタで女性の乗客に切りつけ、止めに入った乗客の男性が殺害された、ひどい事件だった。

植松被告は「亡くなった人は、立派ですよね。やっても（止めに入っても、の意）楽しくないじゃないですか。でも意味があるから、仕方ないと思うんです。楽しいことより、しなきゃいけないことがあるんです」と、殺人行為を止めようとした男性の正義感を称えた。どこか、自分と重ねて話しているように感じた。「君が似ているのは、ナタを振るった男の方だろう」という言葉が、喉まで出かかった。

神戸　あの男性を称賛されましたが、あなたはそうじゃないですよね。「あなたがやったことはいけないが、考え方は分からなくはない」と言う人は確かにいるけれど、そういう人でも殺人までしていいとは誰も言っていないですよ。

植松　誰がそんなこと言っているんですか？　そんなことないです。メディアが採り上げていないだけじゃないですか。

植松被告は、まっすぐ私の目を見て、視線をそらさない。何か違和感があった。右の目の下、ほほの一部が時々ヒクヒクと震えていることに気が付いた。いつもと何かが違う。

植松　身内に障害者がいる人は、正常な判断ができないんです。そろそろ、現実見ましょうよ。僕の考えが正しいかどうか。

神戸　それは、福祉のことを言っているんですよね。でも、あなたの生活も今、人のお金で賄われているのではないですか。

植松　外に出してくれれば、働きますよ。いい加減、考えましょうよ、みんな。現実をみれば安楽死は必要ですよね。それどころじゃないんです。日本の現実を見たら、それどころじゃない。先のこと考えたら、そんな場合じゃないんです。

少し投げやりで、口調は荒っぽかった。何が言いたいのだろう、といぶかしみながら質問を続けた。

神戸　自分は、罰を受けるべきだと思いますか？
植松　職員に暴行したり、不法侵入したことについては罰を受けても仕方ないと思います。
神戸　殺害したことは罪に問われない、と？
植松　はっきり言って恐縮なんですけど、神戸さんの息子さんは、今『安楽死しろ』とは言わないですけど、2歳のころ、意思疎通できなくて『奥さんは大変だった』と言っていましたよね。そのころに安楽死させるべきでした。

絶句した。なぜこんなことを言うのだろうか。

神戸　その子が、その後成長して、文字まで書けるようになっているんですよ？
植松　かけた労力と、つりあっていないです。
神戸　当時の私の妻は大変だったから、その当時に安楽死をさせるべきだったと言うの？

植松　そうです。母親の苦労を考えたら、そんなことしなくてもいいんです。

顔を合わせてからずっと、ゾワゾワと感じていた違和感のようなもの。それは、私と私の家族に狙いを定めた明確な憎悪だった。はっきりと感じた。

神戸　長男は確かに重い障害を持っていて、大変でした。でも妻はこの前、「ここまでいろいろできるようになれば上等だよ」と言っていましたよ。

植松　それはまあそうでしょう。でも、自己満足の世界ですよ。「死にたい」と思っていたわけですから。今「死にたい」と思っている親はいるんじゃないですか。安楽死させるべきだと思います。

神戸　あなたの言っていることは、「余計なお世話だ」という人もいると思いますよ。

植松　「余計なお世話」って言うのは、精神が未熟だっていうことの証拠ですよ。

面会を終えて、私はしばらく考え込んだ。2週間前、私に突っ込まれて動揺する心情を見せてしまった植松被告。おそらく彼は、とても悔しかったのだ。彼は言葉の刃《やいば》を事前に用意し、私を待ち受けていた。

私は、ヘイトの標的にされた人々の気持ちが初めて、はっきりと分かった気がした。それは、突然一方的に突きつけられた敵意にたじろぎ、「どうして?」と戸惑う気持ちだ。

私たちが生きているこの時代には、「線を引く行為」が横行している。そのうねりの先端に、生存さえ認めなかったやまゆり園事件がある。私には、今の時代の差別が、そんな姿に見えてきた。TBSラジオの鳥山さんと話した。もう一度、ラジオドキュメンタリーを作ろう。前回とは違って、しっかり構成を考えて、彼の憎悪を描く。それは、現代日本を描くことでもある。

１９９０年(平成2年)に生まれた植松被告は、２０１６年(平成28年)に事件を起こした。リメーク作は２０１９年（平成31年）３月、再び関東と北部九州エリアで放送することになった。放送後の４月１日には新しい元号が発表され、４月30日をもって「平成」は終わる。

鳥山さんの発案で、リメーク作のタイトルは『ＳＣＲＡＴＣＨ　差別と平成』に決まった。

『ＳＣＲＡＴＣＨ　差別と平成』２０１９年　59分

キー局とローカル局が共同制作したラジオドキュメンタリー。やまゆり園事件の加害者と、障害者を家族に持つＲＫＢ神戸記者は面会を重ねる。犯人から突然向けられた憎悪に、記者は「普通に生きているだけなのに、なぜ?」と戸惑い、「この戸惑いこそが、ヘイトスピーチを向けられる人たちの感情なのだ」と理解する。

福岡で暮らす記者の長男は20歳となり、働いて得た金でiＰｈｏｎｅを買うのを楽しみにしていた。

事件の直後、神戸記者はフェイスブックに個人的な文章を書いていた。時間をかけて子供の障害を受け入れていく親の気持ちをつづったものだ。この文章を歌詞とした8分超の長い歌『障害を持

『SCRATCH』どうリメークしたか

SCRATCH 差別と平成
（ラジオ、2019年）

SCRATCH 線を引く人たち
（ラジオ、2017年）

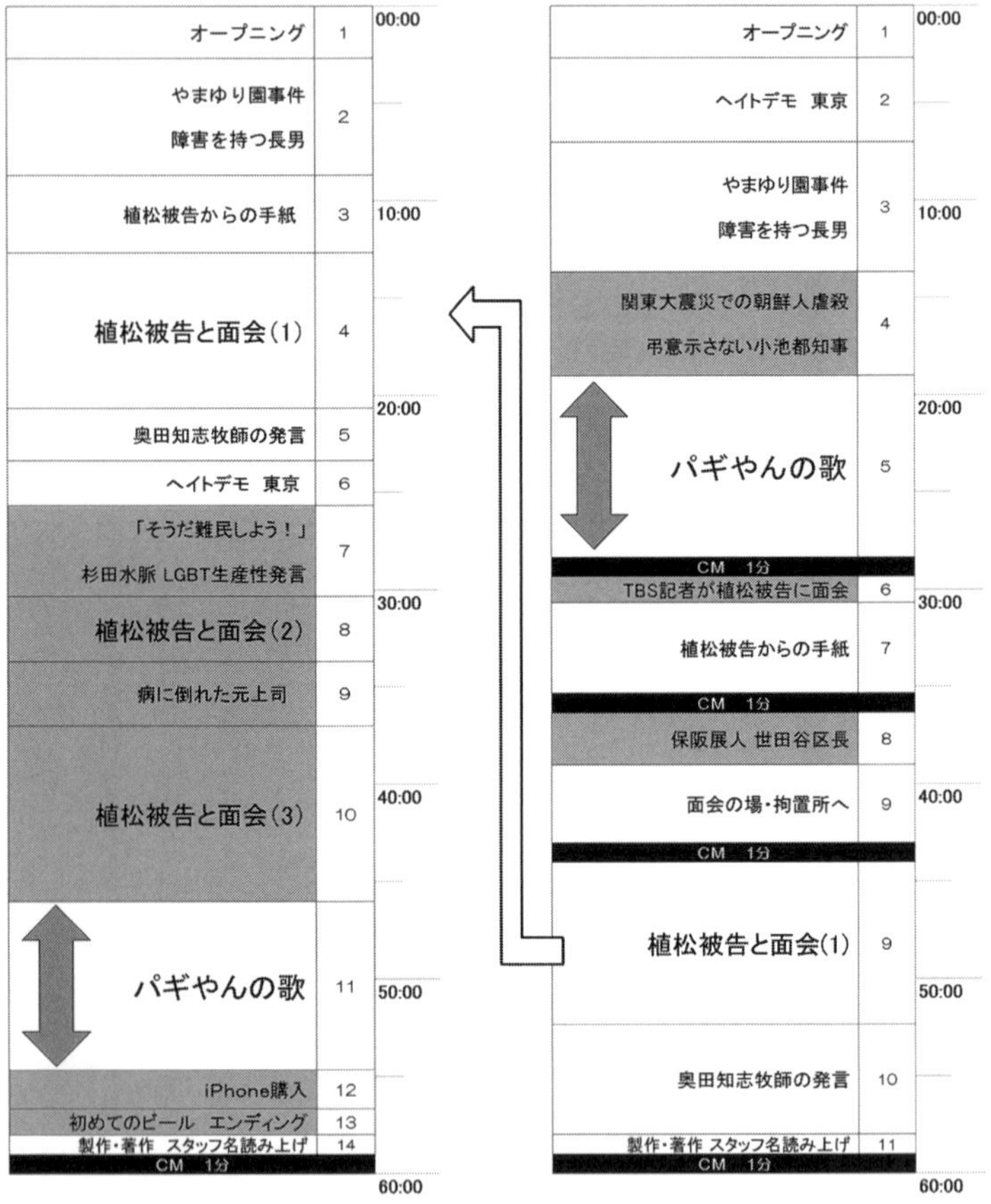

新規に追加したパート　網かけ　『差別と平成』で使わなかったパート

つ息子へ』を番組は流しつつ、成長する長男の姿を盛り込んで、加害者の浅はかな言動を否定していく。

テレビ番組化に高いハードル

ＴＢＳラジオの鳥山穣さんは、音声メディアのプロだ。彼が持てるスキルを駆使して編集したラジオ番組『ＳＣＲＡＴＣＨ　差別と平成』は、放送文化基金賞で最優秀賞となり、文化庁芸術祭賞と日本民間放送連盟賞で優秀賞を得たほか、石橋湛山記念早稲田ジャーナリズム大賞とＡＢＵ（アジア太平洋放送連合）賞でも入賞を果たした。

次に私が取り組むべきは、テレビドキュメンタリーだ。だが、ラジオで到達したレベルに匹敵するテレビ番組が私に作れるだろうか。ハードルは高い。

映像ドキュメンタリーを考える時、数年前からぼんやりと脳裏にあったのは、大学生だった昔に観た古いサイレント映画『イントレランス』（１９１６年、アメリカ）だった。映画が誕生したばかりの時期に作られた無声映画の傑作だと聞き、興味を持った私は早稲田にあった「シアターＡＣＴ」に観に行った。

監督は「映画の父」と呼ばれるＤ・Ｗ・グリフィス。題名の「イントレランス」は不寛容という意味だ。映画の中では、４つの時代の物語が描かれる。紀元前６世紀、古代バビロン帝国の破滅。2000年前のキリストの受難。中世のフランスでカトリックがプロテスタントを弾圧した聖バルテルミーの虐殺。最後は現代アメリカが舞台で、冤罪の青年に下された死刑判決。4つの不寛容の物語が入れ替わり進行していく。

別の時代に飛ぶ時、「ゆりかごを揺らす女」が現れる。リリアン・ギッシュ（1893〜1993年）が演じるこの女性について、映画は何も説明していない。ただ、ゆりかごを静かに揺らしているだけだ。

日本史学を学んでいた私には、この女性が「歴史の女神」のように感じられた。ゆりかごの中にいるのは、いつの時代も不寛容な私たちなのではないか。私たちの愚かな言動を、ただ静かに、無言で見守っているミューズ――。

映画『イントレランス』が訴えたのは、「世の中から寛容さが失われた時、悲劇は起こる」「いつの時代も、それは変わらない」ということだった。私が描こうとしている現代日本の不寛容と、かなり重なっている。アメリカで公開されたのが、やまゆり園事件の発生（2016年）からちょうど100年前だったことも、何かの縁を感じた。名画から「テーマ」と「構成」を借用して、現代日本の様々な不寛容を同時並行で構成してみよう、と思った。

番組の冒頭は、映画史に残る名画『イントレランス』を紹介する。不寛容はいつの時代も悲劇を導いてきたと明示し、現代日本のやまゆり園事件に入っていく。そして、映画から「揺りかごを揺らす女」を引用すると、番組はヘイトスピーチの現場に飛ぶのだ。

ただし、ラジオでは、やまゆり園事件の植松聖被告との面会再現とパギやんの歌で、１時間番組の半分を占めていた。音声表現ではそれがベストだと考えたからだが、テレビではその長い時間をどう映像表現したらよいかわからない。両方とも、大きく削らなければいけないことははっきりしていた。別の要素を盛り込む必要がある。

「偶然」が「必然」に変わる時

日本第一党によるヘイトスピーチの取材を、私は東京都内や神奈川県で続けていた。神奈川新聞に、ヘイトスピーチを厳しく批判する記事を書いている石橋学記者がいる。地方記者の立場で差別に対して明確に対峙する石橋記者に、私は以前から注目していた。その石橋記者が告訴された。ヘイトスピーチを批判した記事が「名誉棄損」だと相手から訴えられたのだ。

裁判の口頭弁論が開かれることをツイッターで知った私は２０１９年９月、カメラを持って神奈川地裁川崎支部に向かった。弁論後の集会で石橋記者は、こうした圧力に負けず戦う決意を力強く語り、支持者から大きな拍手を受けた。この取材で偶然会ったのが、沖縄タイムスの阿部岳《たかし》記者だ。沖縄の基地問題を鋭く追及する記者で、私は一方的によく知っていた。阿部記者はこれからコリアンタウンとして知られる川崎区の池上町に取材に行くという。初対面だったにも関わらず、「取材に同行させてもらえないか」と頼んだ。

ひとの取材に便乗するのは、記者としてかなりおこがましい。だが、競合することのないローカルの記者同士でもある。阿部記者は、私を差別と闘う同志と考えてくれたのだろう、すぐに許してくれた。阿部記者は、同じく差別と対峙している毎日新聞の後藤由耶《よしや》カメラマンに、現地の案内を頼んでいた。後藤カメラマンに誘《いざな》われ、阿部記者と私は池上町の町内会長宅に向かった。

戦前、日本鋼管（現・JFEスチール）などで働いていた労働者が、工場の敷地の片隅、池上町に住み着いた。今もここに暮らしているのは、終戦後に朝鮮半島に戻れなかった人、戻らなかった人の子や孫だ。建物は自分たちで建てて、固定資産税も払っている。しかし、土地は別。JFEスチールなどの地権者との間に、正式な賃貸契約は結ばれていない。日本と朝鮮の歴史的な経緯が絡み合い、何十年も解決できないままになっている。どうしたらいいのか、行政を交えた話し合いを断続的に続けている、と町内会長さんは話してくれた。そんな川崎のコリアンタウンを、遠い沖縄の新聞記者が取材している。私はカメラを回し理由を聞いてみた。

阿部記者は「沖縄に基地が集中しているのも、私は差別だと思うんですね」と話し出した。「阿部さんは『差別を受けている側』だとお考えですか？」と問うと、「私自身は東京出身なので、大多数の『差別をしている側』にいます。でも、基地問題などを取材する機会が多いので、差別について常に考えています」と答えた。阿部記者もまた、攻撃を受け続けている。作家の百田尚樹氏は、沖縄での講演を取材に来た阿部記者を聴衆の前で揶揄《やゆ》し、ネットで動画を公開していた。

折に触れ、この時のことを思い出す。石橋記者の口頭弁論の日時は、ネットで知ったので行ってみただけだ。そこでたまたま出会った阿部記者に、厚かましくも同行したいとお願いしたことで、私の取材は大きく展開した。やまゆり園事件とヘイトスピーチに続き、不寛容にさらされる立場として「沖縄」「取材記者」という要素が加わることになる。

テレビ番組の制作では、動きのある「場面」が何より大事だ。沖縄差別をテーマに加えると考えたとしても、関係者の板付きインタビューを並べただけでは番組にはならない。制作者が思いを表現するために「都合のいい関係者」の話を並べているようにも感じられる。私はこの日、差別にあえぐ「沖縄」の「記者」が、「コリアンタウン」を取材に来たという千載一遇の「場面」に遭遇したわけだ。

ドキュメンタリー制作の過程で、私は何度もこうした偶然を体験してきた。たまたまそこに行ってばったり出くわした、ささやかなエピソード。たまたま、紹介されて出会った人。私たちの日常は「たまたま」の積み重ねなのだが、番組を作り終えた時、そのシーンが番組に不可欠のパートとなっていると、「あの出会いは必然だったのかも」と感じることがある。ドキュメンタリーの作り手ならみな同様の体験をしているはずだ。私は根拠もなく、こう思っている。

「自分が作らなければいけない番組」を作っている時は、まるで、「撮ってください」と言わんばかりに、取材すべき相手が目の前に現れる――。

差別と戦う記者への攻撃

ヘイト側は、池上町を狙い撃ちしようとしていた。２０２０年春の統一地方選挙で、川崎市議選に立候補した男性は、日本第一党の最高顧問が支援していた。この候補者が告示後の第一声を池上町で上げるという。選挙に名を借りたヘイトスピーチがコリアンタウンで行われる可能性があった。

現場は混乱するかもしれない。中国放送（ＲＣＣ）の高橋邦広さんと、北海道放送（ＨＢＣ）の羽二生渉《はにうわたる》さん、同じローカル局の東京駐在仲間に撮影を頼んだ。告示日の早朝、３人で池上町に行くと、公安警察官があちこちに立っており、次第にヘイトスピーチを警戒するカウンター数十人が集まってきた。神奈川新聞の石橋学記者も来ていた。

立候補の届け出を済ませた候補者は、その足で支援者20人ほどとともに池上町の公園に入ってきた。持ってきたノボリには、「旧日本鋼管　池上町不法占拠　完全解決」とある。今も在日コリアンがここに住むことを「不法占拠」と批判するものだ。カウンターが取り囲み、「ノボリを下ろせ」と叫んだが、候補者は「ここは僕の選挙区なんで」と取り合わない。日本第一党の最高顧問は「妨害するんじゃねえぞ、こら！」とすごむ。「有権者の誰もいないところで第一声を上げるなんて、明らかに嫌がらせじゃないか」と叫ぶカウンターともみ合いになり、公園は騒然となった。

近くに住んでいると思われる女性が顔を手で覆い、泣いていた。マイクを向けると、「ああいうノボリを立てて選挙運動するのは、絶対に許せません」と身を震わせた。女性は日本人で、夫がこの町に住む在日コリアン。子供たちはみな日本国籍を取っているという。

「完全解決って、どういうことなんですか」と悔しさに身をよじる女性に、石橋記者が寄り添った。

「あんなひどいことを言う人たちは、ごく一部で、外から来た人たちです。こっちにいるカウンターは『そんなひどいことを言うな』と抗議している人たちです」と話しかける。私たちのカメラは、そのやり取りを撮影している。

「彼らが言ってる、『完全解決』というのは、『出ていけ』っていうことです……そんなの許される訳ありませんから……」

石橋記者は涙声になっていた。苦しむ人の横で、一緒に涙を流す記者を私は立派だと思った。

ＪＦＥは石橋記者に対し「不法占拠だという認識は持っていない」と回答しているという。

「彼らが『不法占拠』と言うのは、誹謗中傷以外の何ものでもない。差別煽動以外の何ものでもなく、ここに住む住人を排斥する目的以外の何ものでもありません。これはもう、ヘイトスピーチです」

私は、日本第一党の桜井誠党首の話を直接聞くことにした。福岡県出身でもあり、ＲＫＢがドキュメンタリーに採り上げる意味合いを示せるという面もある。

やまゆり園のある相模原市の市議選に、党員が立候補していた。駅前には党員やカウンター、公安警察官らが集まっていて、不穏な雰囲気だった。マイクを握った桜井党首は、「桜井がいないと死んでしまう左翼の皆さん、ようこそいらっしゃいました。選挙妨害、ありがとうございます」と挑発した。私は、桜井党首の真横でカメラを構える。

「これだけの大声援、大声援を受けるとは思っておりませんでした。はい、もっともっと叫べ！ほら、『トム・クルーズにそっくり』と言ってみろ！　誰だ、今『レオナルド・デカプリオ』って言ったのは？」。雄弁だ。おちゃらかしに爆笑する支持者。

「日本を語る政党というのは、もう我々しかいない。日本を語るからこそ、彼らのような北朝鮮の手先は、ワーワーわめいて選挙妨害をやってるんです。今日はいろんなメディアが来ております。NHK、毎日新聞、RKBもなぜか来ておりましたけれどもね、彼らの言葉を映してください。彼らの姿を見てください。ああやって中指を立てて、人を『豚だ』とか何だとか言い続けてる、ヘイトを止めろと言い続けてる、この醜い姿をきちんと映してください。一体、どちらが正しいか？」

本当にこんなものを放送できるのか、という迷いがまた湧き上がる。演説会が終わると、神奈川新聞の石橋記者に桜井党首が「おい、石橋！」と怒鳴り声を投げかけた。トラブルを避け足早に立ち去る石橋記者を、桜井党首をはじめとする党員たちが追いかけ始めた。

「北朝鮮を褒め称える記事を書きまくってた、この石橋学を、許さないぞー！　石橋っ！　お前、なぜ北朝鮮を擁護するよ？　北朝鮮にさらわれていった人たちはどうなるよ？　北朝鮮の日本批判はどうなるよ？　核兵器で日本を焼き殺すと言ったのは、お前たちの国だろうよ⁈」

罵声をあげながら、集団で1人を追いかける。攻撃を受けている在日コリアンに石橋記者が寄り添って記事を書いていることを、桜井党首は「北朝鮮擁護」とみなして攻撃している。これは、公衆面前のリンチだ。おぞ気が走る。公安警察官が、直接接触させないよう間に割り込んで歩く。だが、桜井党首たちは石橋記者を取り押さえようとはしない。騒ぎに驚いて見守っている人たちへのアピールなのだ。300メートルほど追いかけ、散り散りになった。石橋記者は、「彼らは僕を攻撃することによって、『人権を守る』という主張を攻撃し、マイノリティの人たちを攻撃しているわけです。本当に許せないことです」と話した。

差別と反差別の「中立」ありえない

マイノリティへの差別意識が、ヘイトクライム（憎悪犯罪）への一線を超えるのは、一瞬だ。76ページで触れたように、関東大震災（1923年9月1日）の直後に起きた朝鮮人の虐殺事件は、日本で起きた最悪のヘイトクライムだ。震災直後、恐慌状態になった日本人の間で、デマが飛び交い、数千人の人々が「不逞《ふてい》朝鮮人」だとして各地で市民や軍・警察に殺害された。これは、否定のしようもないファクト（事実）だ。

東京都墨田区の横網町公園にある慰霊堂脇には、朝鮮人の慰霊碑がある。2019年9月1日、私は「関東大震災96周年　朝鮮人犠牲者追悼式典」にカメラを持って出かけた。

実は、最初のラジオ『SCRATCH 線を引く人たち』(2017年)では採り上げたのに、リメークした『差別と平成』(2019年)では番組構成の都合で落としてしまったパートがある。それは、小池百合子東京都知事の問題だ。『線を引く人たち』から引用する。

ナレーション：1923年9月1日、関東大震災発生直後の大混乱の中で、「朝鮮人が暴動を起こした」「井戸に毒を投げ込んだ」などのデマが広がり、多くの朝鮮人や中国人が虐殺されてしまいました。例年、東京都の知事は、朝鮮人犠牲者に対する追悼のメッセージを送ってきましたが…。

アナウンサーの読むニュース「東京都の小池知事は、関東大震災で虐殺された朝鮮人を追悼する式典に、今年は追悼文を送付しない意向を……」

ナレーション：小池百合子知事は今回、メッセージを出しませんでした。

小池百合子・東京都知事の声「すべての方々への法要を行っていきたい、という意味から今回、特別な形での追悼文を提出するということは控えさせていただいた、ということでございます」

ナレーション：小池知事は、自然災害で亡くなった多くの方と、朝鮮人の犠牲者を、あえて区別することはないという立場を繰り返しました。

1973年に始まった朝鮮人追悼式典に、歴代の都知事は追悼のメッセージを寄せてきた。あの石原慎太郎都知事でさえも。ところが、小池百合子知事は就任2年目から、メッセージを送るのを止めた。ずっと出していたものを止めるのは、単に「なくなった」ということではなく、明確な政治的メッセージである。

ラジオの1作目で小池知事を取り上げてはいたものの、実際に追悼式典の現場に来たのは2019年が初めてだった。

宮川泰彦式典実行委員長は「虐殺の真相を忘れさせてはならない。忘却は再び同じ過ちを犯す」ときっぱりと語った。その会場に、「負の歴史ばかりを強調し、日本人に反省を強いる歴史観を、未来の子供たちに引き継ぐわけにはいかないのです」という女性の声が流れ込んでくる。すぐ隣で、「朝鮮人の虐殺はなかった」と主張する集会が開かれるようになっていた。

「朝鮮人が、震災に乗じて、略奪・暴行・強姦などを頻発させた、軍隊の武器庫を襲撃したりして、日本人が虐殺されたのが真相です。犯人は、不逞《ふてい》朝鮮人だったのです」
「また、テロもありました。朝鮮左翼により計画されてたんです。そして実行された。それに対する、住民の自警行為もありました。しかし、6000人の大虐殺はなかった！」

おぞましいフェイクが拡声器に乗って流れ、鎮魂と誓いの場を汚していた。現地に来ていたジャーナリストの安田浩一さんに、否定派の狙いについて聞いてみた。

「あえて混乱を起こすことによって、『両方とも政治集会だ』という結論に持ち込み、自分たちもろとも慰霊祭をつぶしてしまおうという思惑が働いている。だから、あえて混乱を持ち込むような集会を開催しているんだと思っています」と言う。無用な混乱を避けるため、どちらの集会も開催を認めないと都が決断するよう、否定派は仕向けている。

式典と同時刻の虐殺否定集会が開かれるようになったのは、小池都知事が追悼メッセージを中止してからだ。都知事の言動は、虐殺否定派に勢いを与えた。責任は極めて重い。

「不逞朝鮮人」という差別用語を聞いて、安田さんは東京都の公園管理担当者に「これを放置するのですか？　許容しているのですか？」と詰め寄った。担当者はたじろぎ、「質問にはお答えできません。それぞれの集会に集中していただければ」と話すのみだ。

この公務員のような無難で安易な「中立」に、私たちメディアは拠って立ってはいけない。ファクトとフェイクの中立報道があり得ないのと同様に、差別と反差別の中立報道もあり得ない。「障害者など生きている価値はない」という植松の主張と、「誰の命にも価値はある」という主張を同等に並列して、「2つの立場がある」と報道することの犯罪性は、言うまでもないだろう。

慰霊祭の混乱から6日後。東京・渋谷駅前で、私はある集会を撮影していた。テレビコメンテーターが安易に吐いた韓国への差別的な発言や、雑誌の記事が問題となっていた。日韓連帯を求める若者の集いだった。

何人もがマイクを握った。在日3世の女性は「私は日本生まれ・日本育ちで、韓国語はしゃべれません。『韓国に帰れ』って言われても帰れません」と話し出した。

「私たちはもう、生きるか死ぬか瀬戸際にいると思っています。今の時代は個人情報を簡単に得られるので、突然家にいろんな人がやってきて、連れ出されて殺されるってことも想像していています。これは私だけじゃなくて、在日のみんなが少しは考えていることです。私はもう、殺されてもかまいません。でも私より若い世代、これから生まれてくる子供が、この国で安全に生きていけるようにしてください」

マイクを持つ手が震えていた。言葉の重さに、聴衆はしばし沈黙した。大正時代の大震災から100年近い時が過ぎた令和の現代に、虐殺の再発におびえる人々が出てきていることを、私は目の当たりにした。

テレビとラジオ　構成を比較

イントレランスの時代（テレビ、2020年）

時間	No.	内容
00:00	1	オープニング 名作無声映画の紹介
	2	やまゆり園事件 障害を持つ長男
	3	植松被告からの手紙
	4	映画『イントレランス』の解説
10:00	5	ヘイトデモ 東京・福岡
	6	植松被告と面会（1）
		CM　1分
	7	川崎コリアン街で 沖縄の阿部岳記者が取材
20:00	8	沖縄差別　阿部記者への攻撃
	9	統一地方選 コリアン街で衝突
	10	桜井誠党首が街頭演説 石橋学記者を攻撃
30:00	11	植松被告と面会（3）
	12	iPhone購入
		CM　1分
	13	関東大震災での朝鮮人虐殺 ウソだと思い込む人々
	14	虐殺の再現恐れるコリアン
40:00	15	植松被告と面会（2）
	16	病に倒れた元上司
	17	パギやんの歌
		CM　1分
50:00	18	差別と戦う2人の記者
	19	区別をしない保育園
	20	死刑判決　コロナ禍の偏見
	21	lineでの会話　エンディング
60:00		

SCRATCH 差別と平成（ラジオ、2019年）

内容	No.	時間
オープニング	1	00:00
やまゆり園事件 障害を持つ長男	2	
植松被告からの手紙	3	10:00
植松被告と面会（1）	4	
奥田知志牧師の発言	5	20:00
ヘイトデモ　東京	6	
「そうだ難民しよう！」 杉田水脈 LGBT生産性発言	7	
植松被告と面会（2）	8	30:00
病に倒れた元上司	9	
植松被告と面会（3）	10	40:00
パギやんの歌	11	50:00
iPhone購入	12	
初めてのビール　エンディング	13	
製作・著作　スタッフ名読み上げ	14	
CM　1分		
		60:00

テレビ化で新規追加したパート　網かけ　テレビでは使わなかったパート

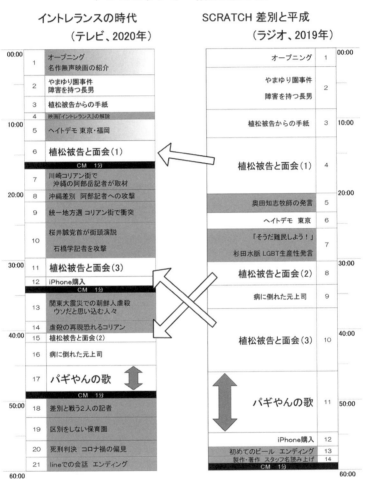

この不寛容な時代に、私たちは

こうした取材を重ねて、テレビドキュメンタリー『イントレランスの時代』は完成した。採り上げた現代日本の「不寛容」はこの4つだ。

(1) やまゆり園事件を引き起こした植松被告
(2) 公然と放たれる、ヘイトスピーチの罵声
(3) 基地の重圧に苦しむ沖縄に対する差別
(4) 都合の悪い史実を否定する歴史の改竄《かいざん》

差別に対峙する新聞記者を狙った不当な攻撃も盛り込まれる。編集に当たっては、テレビにふさわしい構成や編集を心がけた。ラジオ『SCRATCH　差別と平成』と比較するため、1時間番組の構成を表にしてみた。

まず、項目数が違う。ラジオの14項目に対し、テレビは21項目。一つ一つのパートは、明らかにラジオの方が長い。ラジオではパギやんの歌（8分超）をすべて流したが、テレビではエピソードの一つとした。テレビの特性を意識し、動きのある場面を多用して、数分で切り上げて別のシーンに移っていくので、新規の取材がかなり盛り込まれた（網かけ部分）。2014年に福岡で撮ったままお蔵入りにしていたヘイトデモの映像も、初めて採用した。

4つの不寛容を同時進行で描いていく構成は、100年前の無声映画『イントレランス』と同じだ。ストーリーが別のイントレランスに移る時、私の番組でも「揺りかごを揺らす女」の映像が挟み込まれる。そして、100年前の無声映画の文字テロップにあった言葉を、ナレーターが番組内で2回読み上げる。

「それぞれの物語は、――憎悪と不寛容が、いかに人間愛と慈愛をさまたげたか――を物語る」だが、植松被告や桜井党首があらわにする憎悪と不寛容は、実は私たち誰もがうちに持っている。ひとごとにせずに、自分のこととして考えてほしかった。番組のラストには、こんなナレーションを用意した。

誰の心の中にもある、差別・不寛容の心。
いったん外に出してしまえば、それは激しい憎悪に姿を変えます。
憎悪は、時には正義を名乗って、殺人さえ引き起こすことがあります。
不寛容のナイフを握り、憎しみを人に向けるのか。
それとも、心の奥深く、そっと封印するのか。
それは、私たち一人ひとりが決めることです。

筆者と息子金佑

『イントレランスの時代』　2020年　57分

冒頭、無声映画『イントレランス』（1916年）が紹介される。4つの時代の不寛容（イントレランス）を同時並行で取り上げていく画期的な演出で、映画草創期の傑作とされる。

そして、番組は制作した記者の一人称で語られる。やまゆり園障害者殺傷事件が起きた時の衝撃、加害者との面会（再現）が縦軸に置かれ、醜悪なヘイトスピーチや、関東大震災直後に起きた朝鮮人虐殺を否定する人々など、現代日本の不寛容の現場が描かれるが、場面が変わる際には100年前の名作に登場する「ゆりかごを揺らす女」が随時はさみ込まれる。本土から差別を受ける沖縄や、不当な攻撃に立ち向かうジャーナリストの姿も描かれ、現代日本の不寛容を浮き彫りにする。

この番組は、TBS系列のドキュメンタリーの年間最高賞・ネットワーク大賞を受賞し、系列の全27局で放送されたほか、日本民間放送連盟賞、メディア・アンビシャス大賞で入賞している。

「客観報道」の反対語とは？

２０２１年6月、ＴＢＳラジオの鳥山さんと私は早大で話す機会を得た。早稲田ジャーナリズム大賞で入選した制作者の記念講座で（『ＳＣＲＡＴＣＨ　差別と平成』の受賞は２０１９年だったが、コロナ禍で講座は1年延期されていた）、受講生は１４０人。私は「差別と反差別の中立報道はあり得ない」と話した。講義後のレビューシートを読むと、20人がこの発言に触れていた。ありがたいことだ。講義録の出版に当たり、私はこんな文章を寄せた。

メッセージがきちんと届いていることを、とてもうれしく思いました。
その一方で、「世代を超えた理解」はとても難しくなってきている、と私は感じています。各地の大学生と話したり、講義のリポートを読んだりすると、使っている言葉は同じなのに、意味が違っていて戸惑うことがあります。

例えば、「客観報道」という言葉。

戦前、大本営発表を垂れ流してしまった新聞と放送は、国内外幾千万の死に大きな責任を負っています。国を亡ぼしてしまった反省から、当局発表だけに拠らない客観報道を戦後ジャーナリズムは大事にしてきました。その根っこには「二度と戦争を起こさない」という思いがあるのです。文学部の日本史学専修で、社会思想史やジャーナリズム史を学んだ私は、「客観報道は大本営発表と反対の精神的態度で、公正な報道の前提だ」と考えてきました。

ところが、現在の若い世代が使う「客観報道」の反対語は、「大本営発表」ではなくどうも「偏向報道」のようなのです。

批判ばかりのマスコミは、偏向している。総理が言った言葉は、そのまま「客観報道」すべきなのだ——。

いろいろな大学の学生と話すと、こう思っている人は少なくはないように感じます。この文脈では、客観報道はなんと、大本営発表を垂れ流すことになってしまうのです。

時代は大きく転換しました。「二度と戦争を起こさない」という戦後ジャーナリズムの基本精神は、戦争体験者に会ったことがない世代には、ただのキャッチフレーズのようにしか聞こえないでしょう。語り継ぐことは、私たちが思っていた以上に難しい。このことを認めるのに、私は強い苦痛を感じます。

しかし、私たちの世代も、「客観報道」の趣旨をきちんと理解していたか。両論を取り上げるけれども、自分の見識は示さず、逃げていていなかったか。昨今メディアが受ける批判は、自らが招いた面が否めません。それは、差別を報じる時に記者が中立・客観の立場に安住していなかったか、という問題にもつながります。

次代のジャーナリストは、かつてのように客観報道の盾に隠れることはできず、「お前はいったい誰なのだ」という問いかけを常に受ける立場になる。そんな予感がしています。

日々の報道は、「歴史の最初のデッサン」です。誰かの代わりに、自分の目で見て、耳で聞いて、言葉に紡いで、誰かに伝える作業は、いつの時代も必要なものです。テレビとラジオ2つのセルフ・ドキュメンタリーもまた、私なりのデッサン。後世の歴史家が、２０２０年前後の日本の精神性が描かれた史料として参照してくれたら、と思っています。

II　シャッター　〜報道カメラマン　空白の10年〜

「覚悟を決めて直視」した、もう一つの番組

「取材する覚悟　直視する苦しみ」というテーマに沿って、もう一つの番組に触れておきたい。『シャッター　〜報道カメラマン　空白の10年〜』という長編ドキュメンタリーだ。

ニュースの編集長になってしまって以降、番組を作るチャンスにしばらく恵まれなかったが、内勤の仕事の合間に取材を断続的に続け、完成まで5年以上かかってしまった。

取材相手は、毎日新聞に私と同期で入社した、五味宏基カメラマン。人なつこく誠実で、取材相手から好かれる。とにかく被写体の表情がよい。写真はいつも際立っていた。休職して青年海外協力隊に参加、中東のヨルダンで2年間活動した。同じ隊の香代子さんと出会ったのはこの時だった。２人の間には３人の子が生まれた。

だが、五味は２００３年のイラク戦争取材から日本に帰国する際、持ち帰ろうとしたクラスター爆弾の子爆弾がヨルダンの国際空港で爆発し、職員６人を死傷させる事件を起こした。爆発した後の残骸だとしか五味は思っておらず、20日間の取材中ずっとバッグに入れていたものだった。

逮捕され有罪判決を受けたが、恩赦となり帰国、毎日新聞を懲戒解雇された。当時、私はまだ毎日新聞社にいた。人目を避けて社宅から出ていく五味一家を、私は言葉もなく見送った。五味はその後も週刊誌に追われ、家族で各地を転々とした。罪の意識から、カメラも捨ててしまった。

ＲＫＢに転職し福岡に戻っていた私に、五味から突然「今、福岡に来ている」と電話があったのは２００８年夏だった。深夜のバーで、5年ぶりに再会した。五味は毎日新聞の福岡勤務時に、ホスピスの末期がん患者を撮影していた。その遺族たちが、ホスピスの写真集を発行しようとしていた。明日がその出版披露会だという。五味は「人前に出るのは嫌だが、断れなかった」と言った。写真集を出版しようとするホスピス患者の遺族や病院は、明らかに五味の再起を応援しようとしていた。「明日の出版披露、俺が取材したいと言ったら受けるか」と聞いてみた。五味は一瞬言葉を失ったが、「お前なら断れない」と言った。

毎日新聞にとって、ヨルダン空港爆発事件は最も触れられたくない事件だ。だが私は今、毎日新聞ではなく、放送局にいる。私のいる福岡でまさに明日、撮影すべき場面が展開される。そして、取材対象は私の取材申し入れを断れない。五味のドキュメンタリーを撮るとしたら、私しかいないことは明らかだった。

どうなるかは分からない。どうすべきかも分からない。でも、撮影しておくべきだ、とはっきりと思ったのだ。深夜2時、私は山本徹カメラマンに明日取材に出てくれるよう電話した。五味と私と同じ年齢で職人気質の山本が、この撮影に向いていると思ったからだ。

だが、「友達だから密着できました」という番組は作りたくなかった。取材は冷徹に進めるべきだと考えていた。五味は、人目を避けつつカメラを手にするようになっていた。「君に写真を撮る資格はあるのか？」「誰にも見せる予定がないのになぜ撮っているのか」と、私は質問を重ねた。苦痛に顔を歪める五味。自己嫌悪に陥った。

そして、質問はすべて自分にはね返ってきた。何を、誰に伝えるために、私は親友を傷つけてまで撮影をしているのだろう？　「友の過去の罪をあえて今描く理由」を見つけられなかった。

まもなく、タンザニアで仕事を見つけた妻香代子さんを支えるため、五味は子供たちと一緒にアフリカに旅立った。取材は中断。番組化することはもうない、と思っていた。


「見た瞬間に感じ、そして考える」


五味一家のタンザニア滞在が3年目になった2011年。東日本大震災が起きた。時代は大きく変わった。依然、番組化の切り口は見つからないままだったが、私は山本カメラマンと2人で、タンザニアに向かうことにした。当時は事件や災害報道の指揮をする報道部長の立場ではあったが、席を2週間空けての取材となった。

事件を起こす前、イラクで取材中の五味が毎日新聞の上司に宛てたメールにこんな一文があった。

「写真」というメディアの持つ特徴、「見た瞬間に感じ、そして考える」。そのような感覚で、「戦争」ということを読者に伝えたいのです。

帰国後、山本カメラマンや構成作家の松石泉さんと、何度も議論を重ねた。3・11の前に書いた企画書のまま、番組は作れない。同じ題材でも違うドキュメンタリーにならなければ、うそだと思った。

大震災後、メディアは強い批判にさらされていたが、「メディアの情報は、フィルターがかかっているから」という批判の言葉が、心に引っかかっていた。私たちメディアは、取材して編集する。その視点（フィルター）を否定するのは、私たちの全否定につながる。

写真は、瞬間を切り取る。五味は、撮影と同時に「編集」しているとは言えないか？　五味の写真があれほどの魅力を持っているのは、五味独特のフィルターを通っているからだ。フィルターを通すことが悪いのではなく、私たちのフィルター機能のあり方が信頼を失っているのではないだろうか？

私たちがやっと行き着いた視点は、「伝えるという行為はどういうものなのか」を考える番組とすることだった。五味を取材しつつ、震災後のメディアのあり方を問う。親友の過去の罪を再び描くという残酷な番組でも、これなら意味があるような気がした。最初の取材から5年も経って、潮がやっと満ちてきたと感じた。

ヨルダン空港爆発事件は、毎日新聞としては最も触れられたくない案件だ。断られることを覚悟しつつ、毎日新聞の伊藤芳明・専務取締役主筆に、写真の提供とインタビューをお願いした。事件当時、伊藤さんはイラク戦争取材の指揮を執っていて、ヨルダン現地に足を運び、国王に謝罪している。

予想に反して伊藤さんは取材を受けた。五味の写真について「際立って違うのは、被写体に対して写真が温かいんだよね。他のカメラマンと比べて、距離感がちょっと違う。歴代の戦場をテーマとするカメラマンの写真集と比べても、物理的距離だけじゃなく、心理的距離みたいなのが圧倒的に近いと思うな」と話した。やはり、五味の写真の力は誰もが認めている。

被写体との距離。これもこの番組の重要なテーマになる、と思った。

インタビュー収録を終えた後で、私は初めて「どうして取材を受けたのですか」と伊藤さんに聞いてみた。企業経営者としての立場からは、再び事件を採り上げられない方がいいに決まっている。驚いたことに、伊藤さんは「番組の企画書を読んで、五味のためになるんじゃないか、と思ったからね」と話した。伊藤さんは全責任を負って、ＲＫＢの取材を受けたのだった。

カメラマン同士のせめぎあい

２００８年夏の取材開始当初、隠遁生活を送っていた五味を北陸の金沢市に訪ね、自宅で妻香

五味宏基カメラマンが撮影した少年

代子さんにインタビューした際のことだ。子供の七五三でもカメラを手にしなかった五味だったが、事件から3年が過ぎた2006年に初めて人目の少ない海岸でシャッターを切ったのだという。写したのは、海岸で見かけた貝や草花だった。それでも、香代子さんは喜んでいた。「そのあと、『今まで、事件の事実から逃げてたなあって思うよ』て、ポロッて言ったことがあって。『あ、そう』『ふーん』とか言ったけど」と笑った後で、言葉が途切れた。

「うん、うれしかった……それはうれしかったですね……。あ、ちょっとすみません。私、今まで泣いたことないんですよ、あの事件から。涙が出てきたの、初めてかもしれない」と、ティッシュの箱に手を伸ばした。

気丈な香代子さんが、一瞬見せた涙。そのカットを、山本カメラマンはどう撮ったか。涙の目元にズームインする映像ではなかった。逆に、ティッシュに手を伸ばす香代子さんの上半身が入るように、ゆっくりとズームアウトしていた。会社に戻って映像を見た私は驚いて、理由を尋ねた。

山本カメラマンは、師匠とする先輩カメラマンの木村光徳さんから、「100人のカメラマンがいれば、100人が涙に寄る。でも1人くらいは〝寄らないカメラマン〟がいていい。そんなカメラマンになれ」と言われたことがあったという。香代子さんの涙を見た瞬間、山本は常道のズームインではなく、逆のズームアウトを選択していた。

毎日新聞から提供を受けた写真の接写を前に、山本がまたややこしいことを言い出した。「俺は、ズームインもズームアウトもしない。画面いっぱい、フィクス（固定）で撮る」と言う。なぜ、テレビカメラマンとしての技能を駆使しようとしないのか。首をかしげる私に、山本は言った。「五味ちゃんの写真は、すごい。俺が『写真のここを見ろ』なんて出来ん。フィクスでずーっと画面に出し続ける。テレビを視ている人が五味ちゃんの写真をもっとよく見たけりゃ、自分で1メートル前に出て、テレビに近づきゃいいんだ！」

確かに、五味の写真は尋常のカメラマンの写真とは全く違う。「テレビらしさ」「見やすさ」よりも、「何をどう伝えるか」が大事だ。山本カメラマンの言う通りだ、と思い直した。ただ、「どこかで1回は、プロの腕を見せてくれ」と、私は山本に求めた。

番組のエンディングで、私はこんなナレーションの原稿を書いた。

つぐないと祈りの10年が経った。
私は、もっと見たいと思っている。
見た瞬間に感じ、そして考えた、お前の写真を。
五味。大事なのは、「何を伝えるか」だよな。
「誰のために伝えるか」、だよな。

一人称スタイルを選んだ責任として、自分の声で五味に呼びかける形を取った。

そして、番組のラストカットは、山本カメラマンが撮ったズームインだ。五味が撮影したアフリカの少年は、無垢な表情でレンズを見つめている。その瞳に、山本のカメラは25秒をかけてゆっくりと寄っていく。左目の瞳孔が大写しになった時、観ている人は気付く。少年の瞳には、カメラを手にした五味の姿が映っている。

五味のスチール写真に、ムービーの山本カメラマンが真正面から切り結ぶ映像表現となった。だが、まだ何かが足りない気がした。ベストを尽くした映像表現を最後に磨き上げるのは、言葉の力だと私は思っている。1週間ほど悩んだ後で、ふと言葉が降りてきた。

この番組は、五味だけでなく、人に伝える仕事に就く私たち自身のあり方を問う番組だ。短い

少年の瞳に映る五味カメラマン（撮影五味宏基）

一言を言い切り、番組を終わることにした。

僕らは、見つめられている。

79分の長編となったこの番組は、「地方の時代」映像祭2013で入選。TBS『報道特集』で25分の企画として全国放送し、BS―TBSでは2時間枠の特別番組となった。追加取材を盛り込んでリメークした2014年の『シャッター』完全版は、74分にまとめた。

『シャッター　～報道カメラマン 空白の10年～』

2014年　74分

毎日新聞の五味宏基カメラマンが撮影する写真は、被写体との心的な距離が近い。2003年のイラク戦争取材では、戦争の悲惨、特にクラスター爆弾の被害を伝える一連の写真が高い評価を集めた。

だがその取材の帰途、ヨルダンの国際空港で爆発事件を起こした五味は、懲戒解雇されカメラを捨てる。

番組ディレクターは、前職の毎日新聞で同期入社。家族とともに、タンザニア、日本、エジプトを転々として暮らす五味に、カメラを向ける。なぜクラスター爆弾の子爆弾を所持したまま、取材を続けていたのか。なぜ日本に持ち帰ろうとしたのか。五味は語らない。当時の上司たちの証言から、秘められた背景に迫っていく。

親友を傷つけながら進む取材は、「自分はなぜ五味を撮影するのか」という自問をもたらす。取材とは何なのか。伝えるとはどういう行為なのか。東日本大震災後のメディアのあり方をも問う長編ドキュメンタリー。

＊【コラム】現場で向き合っている瞬間だけは俺のものだ

山本徹（ＲＫＢ毎日放送　カメラマン）

ディレクターが求めるモノ。撮影が始まるとそればかり考えている。

若いころ、幸運なことにセカンドカメラマンとして故木村栄文氏と現場をご一緒したことがある（『物語を歩む・司馬遼太郎 故郷忘じがたく候』１９９９年）。撮影が始まると先輩のファーストカメラマンが被写体に食いつく。セカンドの私は「さて、どうしたモノか」と自分が撮るべきモノを探す。

栄文さんは現場ではアレコレ指示を出すことはほとんどない。共にご飯を食べる時先輩カメラマンやスタッフとの会話の中に出てくる〝栄文さんが撮りたいモノ〟を察知して現場に挑むこととなる。しかし先輩カメラマンが撮影を始めると、いわゆるおいしい映像は残っていないのが常だ。

ふと栄文さんに目をやると、メインとは違うモノを見ている。そしてその視線の先にあるものを撮り始めると、栄文さんと目が合い、ニヤリと笑ってくれるのだった。そんなアイコンタクトが心地よくクセになり、そんな映像ばかり撮っていると先輩カメラマンから「一体何を撮っているのか？」とよく怒られたものだ。それでも「絶対、自分の映像が使われている」とオンエアを楽しみにして見てみるが、その時の映像は結局出てこないのだ。

カメラマンとして入社する時、面接官に「ドキュメンタリーカメラマンになりたい」と言ってのけたのを鮮明に覚えている。ドキュメンタリーカメラマンがなぜか「カメラマンの最高峰」と勝手に思っていた。仕事の合間に映像ライブラリーから栄文さんの作品を引っ張り出して見ていると、長年栄文さんとコンビを組んでいた当時映像部長の木村光徳さん（キーさん）に見つかり、撮影時の話を聞くと、「長くなるから飲みながら話してやらぁ」。居酒屋でただ酒を飲ませてもらいながら当時の話をアレコレと聞いていた。

「カメラマンってのはなぁ～」。そんな口癖の後、「ディレクターの想像を超えねぇとだめなんだよ～」「この映像はどうですか？　こんなのもありますよ！　そんな風にいろいろ撮って来ねぇとダメなんだよ。泣いてる人がいるだろ、カメラマンは絶対目に寄るんだよ、でもそんな優しくない映像を撮る奴はダメなんだよぉ」「映像ってのはセンスなんだよ、お前らはセンスもねぇクセに勉強もしねぇだろ、だからお前らの映像は俺から言わせたら『気が狂ってる』としか思えねぇんだよ！」

酔うにつれ、今で言う所のパワハラ丸出しの会になっていくのだが、何回も言われるうちに叱咤激励に聞こえてきたのは、そこに愛があったからなのか？　そんなこんなで、若い私はキーさんのカメラ道を刷り込まれていった。

ディレクターという生き物は、ズルい生き物だ。現場では何も言わないクセに帰ってきて「絵がない、絵がない」と難癖をつけてくる。後出しジャンケンの常習犯だ。そんな時キーさんの言っていたことがよくわかる。「こんな絵はどうでしょう？　あんな絵もありますよ！」。キーさんに「気が狂ってる」と言われ続けた時間は、こんな所で役にたつ。

神戸金史監督も、現場ではほとんど何も言わない。ただ神戸ちゃんは「撮影前の打ち合わせ」と称する飲み会で熱弁を振るう。元新聞記者だけに、テレビのディレクターとは違う変なネタを持ってくる。

神戸ちゃんと毎日新聞に同期入社の元カメラマン、五味さんを取材した。彼が福岡に赴任していた期間もあり、ちょくちょく現場で見かけ、顔だけは知っていた。事件を起こす前、彼が取材した終末医療のホスピスの写真は、これから死を迎える人達と同じ目線で全てが撮られている。きっと心優しい人なんだと思った。

撮影に際して一番気にかけたのは、五味さんとその家族との距離感だ。知らなかったとはいえ、人を殺めてしまったことは許されることではない。その本人と家族に対して、どういう距離感で接すればよいのか？　彼を描くことで、見た人が不快感を抱かないか？　子供から「何で取材しているのか」と聞かれたら、何と答えるのか？

彼や、特に家族を応援したい気持ちがなかったと言えば、嘘になる。そんなことを考えたら、全てが中途半端な感じになっていた。結果、中途半端な距離感の映像に終始した。彼に対する断罪の気持ちと、同情の答えを出せずに撮影が始まり終わってしまい、番組はできてしまった。

あれから数年経った今振り返ると、あれはあれでよかったと思う。取材に行くと、先方と仲良くなることがよくある。「お前だから、撮らしてあげるんだ」。そう思ってもらえれば、撮影は成功したと言ってもよい。その反面、先方が気を遣って頼んでもないのに絵を作ってくれる時もある。そういう意味では、事件後淡々と生きる姿が撮れたと思う。それしか撮れなかったとも言えるが……。贖罪の気持ちで反省している感じを出すわけでもなく、とにかく淡々と生きている姿だった。

出来上がったものには当然、各方面から賛否両論ある。

今さらこういうことを思うのは、私が、出会った時のキーさんの年齢を超えてしまったのが一番だと思う。何かを感じて欲しくて撮影する以上、撮影しているその時だけはディレクターすら超える思想が必要だと思う。カメラマンが現場で被写体と向き合った瞬間は、カメラマンのもの。作品は監督のもの、放送は見ている人のもの。中途半端な映像のこの作品、僕自身は結構好きだ。

ドキュメンタリーに今よりはお金をかけられた栄文さんやキーさんの時代と違い、予算もなく、時間もなく、オンエアされても深夜帯。こんな環境では、「ドキュメンタリーをやりたい」と口にする若者など、希少動物並みだ。映像ライブラリーから過去の作品を引っ張り出して見ている人など、既に絶滅しているのだろう。

よく聞け、若いカメラマンよ。安い酒でよければ、パワハラなしで秘密の話を聞かせてあげようではないか。

＊

1966年、福岡生まれ。学生時代は九州朝日放送でカメラアシスタントとして働き、91年にRKBの関連会社にカメラマンとして入社、様々な現場で撮影する。木村栄文作品の現場に参加した、今では数少ないカメラマンの1人。現在は主にニュースの編集を担当している。

終わらないテーマを追い続けて

吉崎　健《たけし》（ＮＨＫ福岡放送局・ディレクター）

Ⅰ　水俣は問いかけ続ける

「苦海」の中の光

もう一回、もう一回。一つ番組が終わると、つらくてもう終わりにしようと思いながら、また次にやるべきことが見えてきて、もう一度挑むことになる。そうして30年以上、底知れぬ大きなテーマ「水俣」に向き合ってきた。

水俣病は、日本を代表する化学メーカー「チッソ」＊が排水を不知火海にたれ流し、その排水に含まれていた有機水銀によって魚介類が汚染され、それを食べた人が脳や神経を冒された有機水銀中毒。熊本県水俣市の保健所に届け出があった１９５６（昭和31）年５月１日が公式確認の日とされ、〝公害の原点〟とも言われる。原因として工場排水が指摘されても、チッソは「原因は確定していない」として、公式確認から12年後の１９６８（昭和43）年まで排水を流し続けた。

戦後復興と高度経済成長の時代、ビニールなどの原料の生産で大きなシェアを占めていたチッソは生産を止めなかった。経済が優先され、人の命や尊厳が軽視された。患者が苦しんだのは病状だけではない。魚が売れなくなった漁民は貧困のどん底に陥った。水俣病患者に対する差別や偏見によって患者や家族は精神的にも苦しめられ、地域は分断された。そして、今なお、補償金で問題は解決するのか、障害を背負った人生をどう生きるのか、救済とは何か、近代化とは何だったのか、といった様々な問題を投げかけ続けている。一方で、作家の石牟礼道子さんが著作で「苦海」とも表現する、絶望的な暗闇のような状況の中にあって、互いに相手を思い、支えあって立ち上がろうとする希望の〝光〟も確かに存在した。私が水俣に出会ってから32年。水俣によって私は、ドキュメンタリー番組を作り続ける道に導かれてきた。これまでに制作してきた水俣関連の番組やリポートは、約30本になる。

＊チッソ株式会社。1965年に「新日本窒素肥料株式会社」から社名変更。現在は子会社「ＪＮＣ」が事業を引き継ぎ、操業を続ける

〝水俣病〟と生きる～医師・原田正純

2009（平成21）年7月、国会で水俣病に関する一つの法律が成立した。水俣病の特別措置法（「水俣病被害者の救済及び水俣病問題の解決に関する特別措置法」）。当時、被害を訴えながら、水俣病と認定されていない人たちが、3万人以上いると言われていた。水俣病は、被害者自らが

申請し、国の基準に基づいて認定審査会が「認定」しないと、水俣病患者とは認められない。この法律は「未認定」で被害を訴える人たちの救済を目的とし、救済の対象と認められると医療費や一時金210万円などが給付される。しかし、その受付期間は、救済措置の開始から3年以内を目途とし、水俣病問題の「最終解決を図る」とされていた。

水俣病が「最終解決」されようとしているこの時、私は、50年にわたって水俣病に向き合い続けてきた医師・原田正純さん（1934〜2012年）の人生を通して、終わらない水俣病の問題と課題を伝える番組、ETV特集「〝水俣病〟と生きる〜医師・原田正純の50年〜」＊を制作した。原田さんは、一人の医師として、そして一人の人として現場に立ち続けてきた。

＊ETV特集「〝水俣病〟と生きる〜医師・原田正純の50年〜」（2010年5月16日放送）

50年にわたり水俣病に向き合い続けた医師、原田正純さん75歳（当時）。原田さんが初めて水俣を訪れたのは1961（昭和36）年、熊本大学大学院生の時。患者多発地区の家々を訪ねると、親は水俣病で寝たきり、生活は困窮し、脳性マヒと診断された子どもが寝ていた。強い衝撃を受けた原田さんは、〝見てしまった責任〟として患者を診続ける。1962（昭和37）年には、「胎盤は毒物を通さない」という、それまでの医学の常識を覆し、母親の胎内で水銀に冒された「胎児性水俣病」を立証した。患者たちの日常生活の相談に乗るなど、医師としてだけではなく、一人の人として関わり続けた。2009年、水俣病の特別措置法が成立。被害を訴えながら「未認定」の人たちに一時金を支払うことなどで、水俣病問題の「最終解決」が図られようとしていた。「今なお埋もれた潜在的被害者を救済しない限り真の解決はない」。原田さんが歩いてきた人生を振り返りなが

胎児性患者・加賀田清子さんの相談にのる原田正純さん

ら、水俣病が直面する問題を考えた。

２００９年9月、原田さんたちの呼びかけで、熊本・鹿児島両県の不知火海沿岸一帯で大規模な住民検診が行われた。行政はこれまで潜在的な被害者を掘り起こすための健康調査をほとんど行ってこなかった。一体、水俣病の被害はどこまで広がっているのか、その実態は未解明のままである。この日の集団検診は、水俣のほか対岸の天草や鹿児島県の長島など、不知火海沿岸の17会場で行われ、１０００人以上が受診した。これまで差別を恐れて名乗り出ることができなかった、自分が水俣病だとは思わなかったなど、大半が、初めて受診するという人たちだった。ただ、今回の被害者救済では、住んでいる場所や生年月日などで対象者の範囲が定められていた。同じ町の中でも救済の対象となる地域とそうでない地域が線引きされた所もある。また、１９６９年以降に生まれた人も対象外だった（その後、69年11月生まれまで対象拡大)。この時の検診には、そうした救済対象外の人も270人以上、受診に訪れた。そして、実にその9割に、手足の先にいくほど痺れる感覚障害など、水俣病にみられる症状があった。検診の直後、原田さんはこう語った。

「まあ、僕らは、最初から決して水俣病は終わってないと言ってるでしょう。だから、本当は驚かんわけですよ。症状のある人がたくさん来てもね。だけどね、そうは言うけど、中にはハンターラッセル症候群(有機水銀中毒の典型的症状)がそろっている人がいたりしてね。もうどうなってるんだろうというね。ちょっとびっくりしている」。

水俣病の特別措置法は結局、2010~2012年の受け付けに、熊本・鹿児島両県で約6万3000人が申請、約3万人が一時金の対象と認められた。しかし、救済対象外とされた人たちがこれを不服として、熊本や東京、大阪で提訴した。今なお救済地域外の人たちなど約1600人が裁判で争っている。その他にも、水俣病公式確認(1956年)前後に生まれ、初期の患者の「子世代」にあたる人たちが認定を求めている訴訟など、水俣病は今もなお混迷を続けている。

胎児性患者の〝発見〟

1961(昭和36)年、熊本大学の大学院生の時から水俣に通い続けてきた原田正純さんは、約50年、熊本大学など大学に在籍しながら、患者の診察を続けてきた。この時も、週に何度も、自宅のある熊本市から、片道約2時間かけて水俣に通っていた。この日は、子どもの頃から診続けてきた胎児性患者＊のもとを訪ねた。時折訪ね、体調を診たり、相談に乗ったりする。加賀田清子さん（当時54歳）は、40歳の頃から歩けなくなり車椅子の生活を余儀なくなされていた。清子さんにとって原田さんは、もっとも信頼できる相談相手だった。


原田さん）歩くと痛いのかな、歩けない、どっちかな？

清子さん）歩けない。

原）歩くといたい？

清）はい。

原）足上げてごらん。

清）こっちが、股関節が痛い。

原）他は？　指もだいぶ変形してきたね。また今から、ちょいちょい来るけん。

清）はい。

原）また相談に。相談に乗ったって、僕はあんまり、痛み止め出す訳じゃないし。話聞いて。

清）先生も、長生きしてね。体にだけは気をつけてね。

原）そがん言われて、どっちが。

清）無理しないようにしてください。

原）無理しよるたい。

清）ねえ。お願いします。

原）どっちがなぐさめられよるか？　ははは。

原田さんに話を聞いてもらうこと自体が、胎児性患者さんたちに大きな安心感を与えていた。

＊母親が食べた魚介類によって、母親の胎内で有機水銀に冒され、生まれながらに水俣病を背負った患者

水俣に通い始めた大学院生の時、調査のため患者の家を訪ねた原田さんは、大きな衝撃を受けた。患者たちは重い症状ばかりでなく、周囲からの偏見や差別、そして貧困に苦しんでいたのだ。

ある日、原田さんは家の縁側で遊んでいた幼い兄弟に出会う。２人とも障害があり、原田さんが「二人とも水俣病でしょ」と尋ねると母親は「兄は水俣病だけど弟は違う。そう先生たちが言ってるんでしょ」と答えた。水俣病は魚を食べて起こる病気。兄は魚を食べたが、弟は食べておらず生まれつきだという。母親は自分が食べた魚の水銀が、妊娠していた時、お腹の中のこの子にいったに違いないと思っていた。しかし、当時の医学界の定説は、胎盤は毒物を通さないというものだった。水俣周辺で、同じような症状がある子どもたちが多発していた。

原田さんは、水俣病の多発地域に通い、子どもたちを徹底的に調べ始める。そして１９６２（昭

和37）年、この子どもたちが、母親の胎内で水俣病に冒された「胎児性水俣病」であることを熊本医学会総会で発表した。子どもたち一人一人の症状を分析して、首が座らない、体の形に異常があるなど、基本的に皆症状が同じであること。そして、母親が妊娠中に魚介類をたくさん食べていたことなどをつきとめ、同じ原因による同じ症状であり、母体内で起きた胎児性水俣病であると証明した。毒物が、胎盤を通ることを実証したのは、人類初めてのことだった。環境破壊は人類の未来をも脅かすことを明らかにしたのだ。その後、原田さんが報告した16人の子どもたちが胎児性水俣病と認定された。

医師とは何か

１９６９（昭和44）年、水俣病患者29世帯１１２人が最初の訴訟を起こした。水俣病第一次訴訟。それまで、わずかな金額の見舞金で解決したことにされていた患者たちが、チッソの責任を問い、損害賠償を求めた。原田さんも、この裁判に深く関わっていく。現地検証で、裁判官を患者の家に案内して説明したり、原告の患者や家族の診断書を提出したりするなど、患者の置かれた実態を訴えた。

（原田正純さん）「べつにその、患者の側なんて、力むわけでもないし、正義の味方ぶるわけでもないんでね。医者は患者の側に立つのが当たり前で。そしてそれが中立だろうと」。

「ほんとに親しい人からまでも、あなたのやっているデータは正しいし、信じるんだけど、あまりに患者に引っ付きすぎているから、データそのものが疑われるよ、と言われたことがある。これは忠告ですけどね。ある意味、善意なんですよ。だけど、引っ付きすぎているから、中立でないとか、客観的ではないとか、そんな話、僕には通用しなかったですね。そんなバカな話。引っ付かなくてはかえって分からないじゃないですか。もう来るな、もうこれ以上騒ぐなと言われた、そういう患者たちが、色んな事で協力してくれたということは、それはある意味、患者の立場に立ったから、あるいは患者の立場を少しでも理解したからじゃないですかね」。

原田さんは、未来を担う若者たちに、機会を見つけては、積極的に語りかけてきた。2010年3月。原田さんは、水俣で開かれた若い医学生の集まりでの講演を依頼された。研修のため全国から水俣に集まってきた若者たちに、水俣病を通して経験し、感じてきた医師としての思いを、語りかけた。

（原田さん）「やっぱり今でもね、治らない病気というのはいっぱいあるわけです。医者と患者の関係というのは、治してあげる治してくださいという、その関係だけだったら、治らない病気を前にしたときに関係ができないじゃないですか。やっぱり、治らない病気を前にしたときにね、医者はですね、患者とどういう関係を持つかですよ」。

全国から集まった約１００人が真剣な表情で聴き入る。

「医学は中立でなきゃいかんという批判がありますね。おまえはちょっと患者側すぎるという批判が。しかし私は、非常にありがたい批判だと思ってる。だってね、医学はそもそも何のためにあるんですか？　お互いに同じ力関係だったら中立というのはあり得るかもしれない。だけどね、圧倒的に力の強い側と力の弱い側があったときはね、中立というのは、実は強い側に協力してることになるんですよね。そうでしょ。だって患者とね、例えば国とか資本とかいうのは、圧倒的に力の差があるじゃないですか。その時にね、中立と言って何もしないことがどうして中立ですか。本当の中立は、そういう弱い立場の方に立つことじゃないですか。だいたい我々の仕事として、医療をすればそれは患者の立場だし、それを阻害しようとする権力があれば、当然その権力と対立することになるんであって、理屈で中立だとかどっちの立場とかいうことではないんじゃないかと僕は思ってますね」。

原田さんの話で、「医学」を、自分が携わる仕事に置き換えてみる。「ジャーナリズムはそもそも何のためにあるのか？」原田さんの言葉を聞いて、私自身も強く問われている気がした。

カルテの向こう側

これまで原田正純さんを取り上げた番組やニュース、リポートのほとんどが、原田さんを医師として、水俣病研究の第一人者として取り上げてきた。水俣病に関する出来事や問題が起きると、専門家の話を聞きに行く形での取材が大半だった。私はそれだけではなく、原田さんの日常や家族を取材することで、人間的な魅力やより深い思いを描くことができないかと思った。

原田さんはこの時、2人の娘が独立し、妻の寿美子さんと2人暮らしだった。寿美子さんは、結婚以来、水俣病に没頭する原田さんをずっと支えてきた。原田さんは、長年勤めた熊本大学では、64歳で退官するまで助教授のままだった。原田さんが帰宅し、2人だけの食事。原田さんは、晩酌しながら寿美子さんに、その日の出来事を話したり、冗談を言ったり、ゆったりと朗らかな時間が流れる。本当に仲がいいということが伝わってくる。寿美子さんに、これまで長年ともに過ごしてきた原田さんのことを聞いた。

寿美子さん）私は、お願いだから教授にはならないで、と言ってたんです。ほんとに。助教授だったからこんなに好き勝手にあちこち行けて、伸び伸びとできたと思うんです。あんまり、教授とかあわないでしょ。顔からして、ははは。今でも教授とか言われると、私が恥ずかしくてね。管理職というか、なんとなくあわないですもの。

原田さん）偉くないとたい。

寿）ははは。ずっと言ってたもんね。助教授がいいねと。負け惜しみとかじゃなくてですよ。

原）そがん言ったって、なれんだったですよ。ははは。

寿）研究費を1円ももらわなかったわけでしょ、熊大の時。出さないでしょ。経済的には大変と言えば大変だったかもしれないね。学会とか色んな所に行くのも、全部手弁当だから、自分で出すわけですよね。だからお金がないんですよ、私なんか。

原）ないけど、それは普通のサラリーマンとは違うから、一応、医師免許証も持っているからね。お金が足らんごとなったら、（病院の）当直に行ってなんとか、稼ぎよったしね。まあ、そういう意味では（医師だから）できたんですよ。普通のサラリーマンでそれが出来たかというと、それは無理ですよね。

寿）だからすごく、とってもいい人生というか、色んな面で、私、幸せだったろうと思うんですよね。

原）どっちがや、どっちがや。

寿）私もそうなんだけど。ははは。


互いに信頼し、生きてきた2人。原田正純さんが、ここまで頑張ってくることができた理由のひとつが分かった気がした。番組の最後で、私は原田さんに、水俣に関わって50年、どうしてこれほど長く関わってきたのかと尋ねた。

（原田さん）「表面的に、それこそ1人の患者として、1枚のカルテだと見てしまえば、それはそれで済んじゃう。多くの人が、そうしてきたんでしょうけどね。しかし、その1枚の診断書、1枚の申請書の裏にね、底知れぬ色んなものがあるんだというね。だから人は1枚のカルテの裏側をどのくらい読めるかによって、決まってくるんじゃないですか。私、50年関わってきて、やっとそれが少し見えるようになったんであって、最初はやっぱりカルテはカルテですよ。カルテに書かれていることしか見えない。だけどやっぱり、色んな形で付き合っていると、そのカルテの裏側にある様々な現象、カルテに書ききれない部分。これが私たちを捕まえて放さないもんじゃないですかね」。

花を奉る〜石牟礼道子の世界

原田さんの番組の中で、話をしてくれた一人が、作家の石牟礼《いしむれ》道子さん（1927〜2018年）だった。石牟礼さんも、半世紀にわたって水俣に向き合い、代表作『苦海浄土《くがいじょうど》』を始めとした数々の著作で、水俣の真実を紡ぎ出してきた。この頃、石牟礼さんは、ほとんどテレビの取材を受けないと言われていた。しかし、石牟礼さんにとって原田さんは、ともに矢面に立ち、加害企業チッソや行政と対峙してきた、「同志」ともいえる存在だったからだと思うが、インタビューに応じてくれたのだった。水俣病が終わりとされるかもしれないという状況の中で、遠慮などしている場合ではない。次は、どうしても石牟礼さんに出演してもらい、石牟礼さんの人生を通して水俣病が問いかけるものを伝える番組を作りたいと思った。

実は、私が石牟礼道子さんの番組を作るまでには長い道のりがあった。私が水俣と初めて出会ったのは1991年。（第3章3参照）この時取材した胎児性患者の半永一光《はんながかずみつ》さんは、石牟礼道子さんの代表作『苦海浄土』の中で描かれている「杢太郎《もくたろう》」少年のモデルとなった人だった。私はこの時初めて『苦海浄土』を読み、大きな衝撃を受けた。そこには、私などがとても入り込むことができないと思われた水俣病患者さんたちの、果てしなく深い世界が描かれていた。重い症状と極貧の暮らし、そこに水俣病に対する偏見や差別が輪をかけてのしかかった。美しい水俣の海や自然の風景が、その悲惨な状況と深い悲しみを際立たせる。そして、水俣病の原因企業チッソや国といった〝大きな力〟と、救われない患者たちの構造的な問題が、対照的に描かれていた。私は圧倒され、言葉を失った。正直に告白すると、この頃、水俣で石牟礼さんとお目にかかる機会があった時、私は少し離れたところから見つめるだけで、怖くて話しかけることができなかった。私にとって「石牟礼道子」は、畏れ多くて近づきがたい、途方もなく大きな存在だった。この頃、自分が石牟礼さんの番組を作れるとは夢にも思わなかった。

それから約20年、初めて原田さんの番組で石牟礼さんにインタビューさせてもらったのだった。次は、石牟礼さんの番組を作らせて欲しいと、話を進めていたが、問題が起きた。別の番組で、NHKの東京のクルーが石牟礼さんにインタビューした。この時、石牟礼さんはパーキンソン病を患っていて、薬を飲んでからしばらくは安定しているが、長時間になると、顔がこわばったように無表情になり、身体が前後左右に揺れる症状がでてくる。東京のクルーは1日だけの撮影で、短時間の約束だったという。しかし、話をうまく聞けなかったのか、長時間になってしまい、この症状がでて画面に映ってしまった。私の経験からいうと、石牟礼さんから短時間で効率的に話を聞くのはとても難しい。この番組の放送後に石牟礼さんに会った時、今後は取材を一切受けないことにした、と言われてしまった。ようやく石牟礼さんの取材をさせてもらえるところだったのに……。しかし、諦めざるを得なかった。

半年ほど後、この間に私が作った番組を、もしよかったら見てもらえないかと思い、番組のお知らせを手紙に書いて送った。1950〜60年代の福岡などで子どもたちの表情や街角の風景を写した、ろうあの写真家・井上孝治さん（1919〜1993年）の話だった。高度経済成長期に失われていった、路上や空き地で遊ぶ子どもたちの生き生きとした表情や、道端で七輪を使って魚を焼く懐かしい光景、誰もが互いに支え合って暮らしていた時代を、石牟礼さんも共感してくださるのではないかと思ったのだ。すると、思わず石牟礼さんから、番組を見ましたという返事が来た。私は嬉しくなって連絡し、再び会いに行くことになった。その後、何度か会ってお話しするうちに、やはり取材に応じてもいいということになったのだ。後で聞いた話では、石牟礼さんの編集者で、公私にわたって石牟礼さんを支えてきた渡辺京二さん（熊本市在住の作家で思想史家、2022年12月に逝去）に相談されたそうで、渡辺さんが「こんなに熱心に手紙を書いてきているから、協力してやったら」と言ってくださったという。そして、私が、胎児性患者・半永一光さんと仲がよく、言葉を発することができない半永さんと〝会話〟ができることも誰かから聞かれ、興味をもってくださったようだった。インタビューは、石牟礼さんの病気のことを考えて、１回２時間までと約束。月１回程度、１年ほどかけて福岡から、当時、石牟礼さんの仕事場兼自宅があった熊本市に通って撮影した。一度は水俣に帰省されるときに同行して撮影した。そして、石牟礼さんの文学作品を、『苦海浄土』を書かれた旧宅の部屋など、水俣のゆかりの場所で上田早苗アナウンサーに朗読してもらうなどして、ＥＴＶ特集「花を奉る　石牟礼道子の世界」＊を制作した。

＊ＥＴＶ特集「花を奉る　石牟礼道子の世界」（２０１２年2月26日放送））

作家・石牟礼道子さん、84歳（当時）。半世紀にわたり、文明の病としての水俣病を、そして近代日本が捨て去った、人と自然が共に生きていた豊かな世界を描き続けた。石牟礼道子さんは、１９６９年、水俣で暮らす主婦の傍ら水俣病患者の悲しみを書き綴った『苦海浄土』を出版。水俣病を鎮魂の文学として描いた作品として絶賛された。晩年は、パーキンソン病の症状に悩まされながらも執筆活動を続けた。作家やジャーナリストとしてではなく、水俣で暮らす者の視点から、自分にとっての水俣を、ひとひらひとひら〝花を奉る〟が如く書き続ける。２００９年、水俣病の特別措置法が成立。国は被害を訴える未認定の人々に対し、わずかな一時金などで、水俣病を〝最終解決〟しようとしていた。水俣病の解決とは何か。患者さんたちの魂が救済されない限り、水俣病が終わることはない…。石牟礼さんへの初めてのロングインタビューと、患者さんたちとの交流、作品の朗読を交えながら石牟礼さんの人生を辿った。

水俣と東日本大震災

水俣に住む一主婦だった石牟礼道子さん。1969（昭和44）年、石牟礼さんが41歳の時に最初に出版した代表作『苦海浄土　わが水俣病』。その後、『苦海浄土』は、40年かけて三部作を完成させた。更に、近代化で失われる以前の不知火海の豊かな自然と暮らしを描いた『椿の海の記』など約60の著作を世に送り出してきた。

（『苦海浄土　第二部　神々の村』より）

あの貝が毒じゃった。娘ば殺しました。

おとろしか病気でござすばい。人間の体に入った会社の毒は。

死ぬ前はやせてやせて、腰があっちゃこっちゃに、ねじれて。足も紐を結んだように、ねじれとりましたばい。嫁入り前の娘の腰が。

もう大方動けんごとなりましてから、桜の散り始めまして、きよ子が這うて出て、縁側から、こう、そろりそろり、すべり下りるとでございます。

花びらば、かなわぬ手で拾いますとでございます。いつまででも座って。

指先でこう拾いますけれども、ふるえの止《や》まん、曲がった指になっとりますから、地面ににじりつけて。桜の花びらの、くちゃくちゃにもみしだかれて、花もあなたかわいそうに。

（石牟礼道子さん）「そのお母さんが、この方も亡くなられましたけど、花もあなたかわいそうに、地面ににじりつけられて、とおっしゃいました。それで、春になるといつも、花もあなたかわいそうに、花の供養に、チッソの人に、花びらば、一枚だけでよございます。拾てやってはくださいませんかっておっしゃいました。それを文《ふみ》に書いてくださいませって、私に。それは大変なことを、頼まれたなって思いましてね。それで文章、一字書くたびに花びらと思って書きます」。

２０１１年４月。取材を許されてから間もなく、石牟礼さんから電話がかかってきた。この１か月前に、東日本大震災が起きていた。石牟礼さんは、東京の日本近代文学館で開かれる詩人たちの集まりで、メッセージをビデオに撮影したビデオレターを紹介することになっていた。ビデオレターの撮影があるので来ませんかと誘われたのだ。私は撮影クルーとともに、熊本市の自宅に向かった。着いたとき、石牟礼さんは、自分が読むメッセージを、筆で巻紙に書いているところだった。詩経『花を奉る』。番組は、この時の石牟礼さんが筆で書いている場面から本編が始まる。水俣の、地面ににじりつけられた桜の花びらと、震災の被害が、石牟礼さんの中で重なっていた。

（詩経『花を奉る』より抜粋）

花や何　ひとそれぞれの涙のしずくに洗われて咲きいずるなり

花やまた何　亡き人を偲ぶよすがを探さんとするに
声に出《いだ》せぬ胸底の想いあり
現世はいよいよ地獄とやいわん虚無とやいわん
ただ滅亡の世せまるを　待つのみか
ここにおいて　われらなお
地上にひらく　一輪の花の力を念じて　合掌す

２０１１年４月　大震災の翌月に

日本人が東日本大震災を経験して、石牟礼さんが感じたこと。

（石牟礼道子さん）「全てを失って、今までくっつけていた常識とか、知識とか、希望とか、生半可な希望。己をよく見えないままに、粗末にしていることにも気づかないで、生きて来たことを全部、自分の外側の常識の皮膚を引きはがした、引きはがして生まれてくる、全感覚で生まれ直してこなきゃいけないような体験を今、日本人はしていると思うんですよね」。「絆というのは愛情と言ってもいいですよね。愛情を本物かどうか、試されていると。それは誰に対する愛情でもいいんですけれども、誰かを他の人生を生きてる人を、絆が、今ある絆が本物かどうか試されていると思うんですよね。たくさんの人を愛せるかということではなくて、たった一人の人でもいいんですけども、自分で点検しなきゃいけない。そしてできることがあれば、実行しなきゃいけない、黙って。そんなことを思ってます」。

一主婦が水俣病に出会った

石牟礼道子さんが最初に水俣病と出会ったのは１９５９(昭和34)年。水俣で暮らす一主婦だった。小学生だった石牟礼さんの長男が、結核で水俣の市民病院に入院していた。その時、隣の病棟にいた、えも言われぬ症状の患者と出会う。水俣病患者だった。息が詰まるほどの驚き、そして出会ってしまった責任が、石牟礼さんの胸に深く刻まれた。石牟礼さんは、その瞬間を、無心に書き綴った。後の『苦海浄土』である。

彼は実に立派な漁師顔をしていた。鼻梁の高い頬骨のひきしまった、実に鋭い、切れ長のまなざしをしていた。ときどきぴくぴくと痙攣する彼の頬の肉には、まだ健康さが少し残っていた。しかし彼の両の腕と脚は、まるで激浪にけずりとられて年輪の中の芯だけが残って陸《おか》に打ち揚げられた一根の流木のような工合になっていた。

(『苦海浄土　わが水俣病』より)

――水俣湾内において「ある種の有機水銀」に汚染された魚介類を摂取することによっておきる中枢神経系統の疾患――という大量中毒事件、彼のみに絞ってくだいていえば、生まれてこのかた聞いたこともなかった水俣病というものに、なぜ自分がなったのであるか、いや自分が今水俣病というものにかかり、死につつある、などということが、果たして理解されていたのであろうか。

なにかただならぬ、とりかえしのつかぬ状態にとりつかれているということだけは、彼にもわかっていたにちがいない。舟からころげ落ち、運びこまれた病院のベッドの上からもころげ落ち、五月の汗ばむ日もある初夏とはいえ、床の上にじかにころがる形で仰むけになっているとは、舟の上の板じきの上に寝る心地とはまったく異なる不快なことにちがいないのである。

この日はことにわたくしは自分が人間であることの嫌悪感に、耐えがたかった。釜鶴松のかなしげな山羊のような、魚のような瞳と流木じみた姿態と、決して往生できない魂魄は、この日から全部私の中に移り住んだ。

石牟礼さんは、この出会いの後、何かに憑《つ》かれたように筆を走らせた。作家やジャーナリストとしてではなく、水俣で暮らす一人の人間として、自分が感じた、自分にとっての水俣病を書いていった。

(石牟礼道子さん)「何かとても人間として自分が、人間であることが恥ずかしいという気持ちになりましてね。それは文句なしにそう思ったんですよ。何か本能的、深い本能。生き

胎児性患者・半永一光さんと再会した石牟礼道子さん

てるということはどういうことかというのは、（精神病を患っていた）祖母のこともありまして。生命というのは何だろうと、ずっと思ってましたから。人間に自分は生まれてて、人間の言葉を使う、言葉を使う人間として、人が生きるというのはどういう意味なのかと。その一番根底のところを、侵されている人の姿、というふうに感じたんだろうと思います」。

「魂の深か子」

２０１１年の冬、石牟礼さんが久しぶりに、故郷・水俣に帰るということで、同行して取材した。石牟礼さんが向かったのは、水俣病患者のための施設「明水園」。不知火海を見下ろす高台にある。ここに、胎児性患者・半永一光さんが暮らしている。石牟礼さんは、半永さんの部屋を訪ねた。

石牟礼さん）半永君、お久しぶりね。覚えとるね。

半永さん）あー。

石）覚えとる？

半）あー。

石）この頃調子はどぎゃん、よか？

半）あー。

石）久しぶりー。じいちゃんやばあちゃんの生きとらす頃、よう一光ちゃんのところに行きよったがなあ。

半）あー。

石）覚えとる？

半）あー、あー。


半永さんはこの時、56歳になっていた。石牟礼さんは、『苦海浄土』の中で、半永さんのことを杢太郎《もくたろう》少年として描いている。半永さんは、生まれながら歩くことも話すこともできない。しかし、「あー」とか「うー」といった声や表情で、親しい人とはコミュニケーションをとることができる。石牟礼さんは、一光さんがまだ子どもだった頃に、家に訪ねて行っていた時のことを、懐かしそうに愛おしそうに、半永さんと話した。


石）思い出した？

半）あー。

石）お世話になりに行きよったよ、あーたがこまんか（小さい）時に。
半）あー、あー。
石）だんだん太う（大きく）なってきて、じいちゃんのおんぶしなはれば、じいちゃんより、あんたが足の方が長かったもん。ぞろびいて（引きずって）、かろうて（背負って）行きよらしたなぁ、病院に。

（石牟礼道子著『苦海浄土　わが水俣病』より）

老夫婦はわたくしのことを、
「あねさん」
と呼ぶのだった。ふたりから天草なまりであねさん！と呼びかけられるとわたくしは、生まれてこのかた忘れさられていた自分をよび戻されたような、うずくような親しさを、この一家に対して抱くのだった。

そるばってん、あねさん、やっぱり、想わぬ晩な、なかばい。ばばと、じじが死ねば、この三人の孫どもは、いったいどげんなっとじゃろか。

杢はまん中でござす。我が身を、我が身で扱いきれん体しとって。便所がなあ、ひとりじゃでけん。一生、兄貴と弟に世話かけにゃならん。兄貴ちゅうても、二つ上の十一でござす。父《とと》やつも、あやつも、たしか水俣病でござすとも。ちょっとした怪我がもとで、足も腰も、腕も、ようとはかなわん。もともとは水俣病じゃと、わしゃおもうとる。人一倍働きよったですけん、青年のころは。役せん体にちなってしもうた。

今になれば水俣病ちゃいいはなりまっせん。お上から生活保護ばいただきよって——。このうえ水俣病ばいえば、いかにも、銭《ぜん》だけ欲っしゃいうごたる。

今は、どうなりこうなり、じじとばばが、息のある間はよか。力のある間は、かかえて便所にもやる。おしめも替えてやる。飯もはさんで食《か》する。あねさん、ぐらしゅ（かわいそう）ござすばい……。

杢は、こやつぁ、ものをいいきらんばってん、ひと一倍、魂の深か子でござす。耳だけが助かってほげとります。

何でもききわけますと。ききわけはでくるが、自分が語るちゅうこたできまっせん。

わしも長か命じゃござっせん。長か命じゃなかが、わが命惜しむわけじゃなかが、杢がためにゃ生きとろうごてござす。いんね、でくればあねさん、罰かぶった話じゃあるが、じじばばより先に、杢の方に、はようお迎えの来てくれらしたほうが、ありがたかことでございます。寿命ちゅうもんは、はじめから持って生まれるそうげなばってん、この子ば葬ってから、ひとつの穴に、わしどもが後から入って、抱いてやろうごたるとばい。そげんじゃろうがな、あねさん。

杢よい、堪忍《かんにん》せろ。堪忍してくれい。

郵便はがき

料金受取人払郵便

福岡中央局
承　認

117

差出有効期間
2024年2月29日まで

810-8790

157

（受取人）
福岡市中央区渡辺通二―三―二四
ダイレイ第5ビル5階

石風社

読者カード係行

注文書◆ このハガキでご注文下されば、小社出版物が迅速に入手できます。（送料は不要です）

書　名	定　価	部　数

＊郵便振替用紙を同封しますので、送金手数料は不要です。

ご愛読ありがとうございます

＊お書き戴いたご意見は今後の出版の参考に致します。

ドキュメンタリーの現在

ふりがな ご氏名	（　　歳） （お仕事　　　）
〒 ご住所	☎　（　　）

●お求めの書店名

●お求めのきっかけ

●本書についてのご感想、今後の小社出版物についてのご希望、その他

月　　日

じじもばばも、はよからもう片足は棺にさしこんどるばってん、どげんしても、あきらめて、あの世にゆく気にならんとじゃ。どげんしたろばよかろかね、杢よい。

石牟礼さんは、『苦海浄土』の中の半永一光さんのことを書いた「杢太郎」の部分を、「一光」と読み替えて、半永さんの目の前で朗読した。

石牟礼道子さん）想えばお前がきつかばっかりぞ。思い切れ、思い切ってくれい、一光。
半永一光さん）うー
石）わかるかい一光。
半）うー
石）お前やそのよな体して生まれてきたが、魂だけは、そこらわたりの子どもとくらぶれば、天と地のごつお前の魂のほうがずんと深かわい。
半）うー
石）泣くな一光。爺やんの方が泣こうごたる。一光よい。お前がひとくちでもものがいえれば、爺やんが胸も、ちっとは晴るるばってん、いえんもんかのい。ひとくちでも、いえんもんかのい。
石）じいちゃんの言わした。

半）うー

石）お前が一番、ほかんもんより魂の深か子ぞち。じいちゃんの言いよらした。私もそげん思うとる。

半）うー

石）それでこれば、本に書いて、あっちこっちの人が読んでくれよらす。

半）あー、あー

石）これば、ああたに土産に持って来た。40年かかった、書くとに。

半）あー

石）はい、あげます。これば、一光ちゃんの神棚にあげてちょうだい。じいちゃんとばあちゃんにあげてちょうだい。

半永さんは、「ありがとう」と頭を下げて、低い声で「うー、うー」と答えた。

そしてこの時、石牟礼さんは、明水園を訪れていた胎児性患者・加賀田清子さんにも久しぶりに再会した。石牟礼さんは、清子さんたちが子どもの頃から40年以上、心を通わせてきた。清子さんは、話すことが不自由で、40歳を過ぎてから歩くこともできなくなった。車椅子での生活。もう一度自分の足で歩きたいというのが清子さんの願いだった。この時、自らも車椅子に乗るようになっていた石牟礼さんは、清子さんから予想していなかった言葉をかけられた。

石牟礼さん）今、私も病気でね。足と腰ば怪我して、歩かれんと、私も。うん。まだ（もっと）、早う来たかったばってん。歩かれんとじゃもんね。

清子さん）つらかばってんが頑張ってね。

石）ははは。私の方が励まされて。

清）歩けんとがいちばんつらいけんね。

石）つらいけんね。

清）うんうん。気持ちもよく分かるよ。道子さんの気持ちも。

石）ありがとう。


そういうと、石牟礼さんの目から涙があふれた。清子さんは続ける。


加）つらいけど頑張ってね。

石）うん。ありがとう。

清）頑張って下さい。

石）まあ、清子ちゃんから励まされるちは思うちゃおらんかった。

清）あれば書かるっけんね。詩ばいっぱい書いてね。

石）今度、詩ば書いたつば、送るね。

清）はい。うん。
石）まあ、ありがとう。
清）頑張ってね。みんな、応援してる人は、いっぱいおるけんね。
石）はははは。（涙）まあ、私の方が励まされた。（涙）
　しっかり、覚えときます。
清）はい。
石）今度、新しい詩が、古い詩もできたら、送りますね。
清）はい、送って下さい。

　患者さんたちに寄り添うというより、憑依したかのように一体となって、患者さんたちの思いを言葉に表してきた石牟礼さん。子どもの頃から、ずっと気にかけ、見守る存在だった清子さんから、自らも病気を患って歩けなくなった石牟礼さんは、この日初めて、自分の方が慰められ、励まされる言葉をもらったのだと思う。励ましながら、励まされる存在。お互いに相手を思いやる気持ち。その涙は、どこまでも美しく、私の心に焼き付いている。

＊【コラム】プロデューサーも現場の当事者の1人

岩下宏之（元NHK・現 制作会社プロデューサー）

私が吉崎ディレクター（以下D）と出会ったのは、デスクになって2年を経た時のことだった。当時私は九州沖縄の域内局が制作するローカルや全国放送番組のデスク（ディレクターを指導しながら番組をまとめる役割）をしていた。ある時1本のビデオが届いた。石牟礼道子さんの作品を一人芝居で演じる砂田明さんを中心とした番組だった。吉崎Dが熊本ローカル（県域放送番組）で制作したという。砂田さんと正面から向き合ったいい番組だった。ただ、そのとき私は、「どうして目の前に半永さんという患者さんがいるのに、半永さんが中心じゃないのか」と聞き、2人で話し合った。その後吉崎Dは取材を重ね、人間関係を作り、2人で作成した企画書が採択され予算も確保した。それからロケ構成、編集、ナレーション原稿、最後のテロップ入れ1枚まで共にしたのが九州スペシャル「写真の中の水俣」だった。（第3章参照）その後吉崎Dは、東京、長崎、そして福岡へ。久々に再会した吉崎Dは、取材させていただく方に寄り添い、粘り強く取材し、「その方に納得してもらえる番組でなければ意味がない」という強い信念を持つジャーナリストになっていた。かつてデスクとして“教える”という接し方もしていたが、それがプロデューサーとして吉崎Dを支えるという思いに変わっていった。

よく「プロデューサー（以下P）って何をする人？」と聞かれる。「予算管理と労務管理をする人でしょ」と言われることもある。もちろんそういうPも多い。私はきっと風変わりなPである。私はDの思いをくみ取り企画書にして（時には自分でも書いて）通し、完成まで責任を取るのがPだと思っている。時にPは「番組には第三者的な視点が必要だから大事だ」と言われる。しかし私は第三者だとは思っていない。現場のDやカメラマン、音声マン同様、当事者だと思っている。例えば吉崎Dが制作した石牟礼さんの2本の番組のPだった。私は亡くなるまで石牟礼さんにお目にかかったことはないのにである。でも吉崎Dの取材内容を聞き、長いラッシュを見、石牟礼さんの著作を読み込み、石牟礼さんは何を見、何を考え、どう生きてこられたかを石牟礼さんの「目」になって想像を深めることはできると思ってやってきた。

私が今の思いにいたったのは44年前、初任地・山口で山口放送の磯野恭子さん（1934～2017年・ディレクターのちに民放初の女性取締役）と出会えたからだった。入局しての私が無謀にも磯野さんに、「『聞こえるよ　母さんの声が…原爆の子・百合子』（磯野さん制作番組・文化庁芸術祭大賞ほか受賞）はどうやって撮影されたのですか」と聞くと、磯野さんは、胎内被爆による原爆小頭症の娘・百合子さんとその両親にカメラを向け続けることの責任と覚悟について、時には涙を浮かべながら話してくださった。「初対面の、しかも別の会社の新人に、なぜそこまで話してくださるのですか」と聞くと、「放送は1度で終わるけど自分には知ってしまった責任がある。あなたが私と同じぐらいになったとき、下の人たちに同じことをしてくれれば気持ちはずっとつながっていくでしょう」という答えだった。そのことがあったから、私は地域にこだわり続け、Ｐを続けている。

最初の出会いから何本吉崎Ｄの番組のＰをやってきたことだろうか。私は、後輩だが吉崎Ｄを尊敬している。ほとんどの人間が管理業務に変わる中で、吉崎Ｄほど覚悟を持って取材する方と向き合い、現場に立ち続けている人間はいないからである。これからもまだまだ吉崎Ｄの番組に関わり続けられたら幸せである。

＊……………………………………………………

１９５６年熊本生まれ。１９７９年ＮＨＫ入局、山口、東京、福岡、大分、北九州、福岡で勤務。ディレクターのちプロデューサー。１９８８年から九州を離れずに番組制作。ＮＨＫ退職後、現在は（有）ＶＯＺ エグゼクティブ・プロデューサー。

II　諫早湾干拓と変わりゆく干潟の海

「ギロチン」

「ダダダダダダダダダ…」。293枚の鉄板が、轟音とともに次々に海に落とされていく。1997年4月14日。長崎県で進められていた諫早湾干拓事業のため、後に「ギロチン」と呼ばれる、諫早湾の3分の1が閉め切られるニュースの映像を、私は当時勤務していた東京で見ていた。そして、その年の夏、長崎放送局に異動した。

赴任した当時、マスコミは連日、湾が閉め切られた後、日に日に干上がっていく日本最大級の広大な諫早の干潟の風景と、そこで死んでいく大量のムツゴロウやカニや貝の姿を映しだしていた。海水をもう一度入れて、干潟を元に戻すべきだという環境問題に取り組む人々を中心とした全国からの声。一方で、干潟の生物より人間が大事、これで水害を防ぐことができるという地元の諫早市民の声。ムツゴロウを象徴とした、失われていく干潟に関心が集まっていた。しかし、私は、残された3分の2の海がどうなっているのかが気になっていた。湾の閉め切り後も、海とともに暮らす人々の声を聞きたいと思った。湾を閉め切った堤防のすぐ外側に位置する、小長井町《こながいちょう》（現・諫早市小長井町）の漁師さんたちの取材を始めた。小長井町漁協（現在は合併して諫早湾漁協）は、諫早湾に12あった漁協の中で、最後まで干拓に反対していた漁協だった。そこでは、想像以上に大変なことが起きていた。海の異変が始まり、魚介類が取れなくなっていたのだ。しかし、原因は不明とされ、漁師たちは追い詰められ、諫早湾での漁を諦めて陸に上がる人も少なくなかった。転勤で長崎を離れる２００２年までに、何本ものリポートや番組を制作し、現状を伝えた。

それでも漁を続ける～漁師・松永秀則さん

１９９９年に放送したＥＴＶ特集「タイラギよ　よみがえれ～長崎県・諫早湾～」（１９９９年2月25日放送）の取材で出会ったのが、漁師の松永秀則さん（当時45歳）だった。

松永さんは、16歳の時から諫早湾で漁を続けてきた。干拓工事が始まる前、広大な諫早の干潟には、ムツゴロウを始めとしてカニや貝など、多様な生き物が生息していた。諫早湾は、魚介類が産卵し命を育む、「有明海の子宮」とも呼ばれていた。

小長井町の漁の中心は、大型の二枚貝・タイラギの潜水漁だった。タイラギは、寿司ネタなどとして人気が高く、漁師は、一冬に１０００万円もの水揚げがあったという。松永さんは、16歳で父親と兄を手伝って、タイラギ漁を始めた。20歳で独立すると、町で一二を争う漁獲量を上げていた。しかし、１９８９年、干拓工事が始まると、海の異変が始まった。92年、タイラギが大量に死滅しているのが見つかり、翌年から6年連続で全く漁が出来ない状態が続いていた。湾が閉め切られると、赤潮が頻発するようになり、養殖アサリがたびたび死滅した。その後2000年代になると毎年、海底で酸素が極端に少ない貧酸素水塊《ひんさんそすいかい》の発生も確認されるようになる。松永さんたち漁師は、干拓工事の影響と主張したが、干拓事業を進める農水省は、「海の異変と干拓工事との因果関係は不明」とし、そのまま干拓工事を推し進めていた。

諫早湾が閉め切られてから2年がたとうとしていたこの時、湾内で魚があまり取れなくなり、松永さんは、後を継いでいた長男の貴行《たかゆき》さんと2人で、船で熊本県の沖まで行って投網漁をしていた。

投網漁なら、諫早湾内だけでなく、有明海の他の海域で漁をすることができる。ただし、燃料代は嵩む。まだ暗い早朝、私たちも船に乗せてもらって小長井の港を出る。1時間ほど走ると、熊本沖には他にも同じように魚を求めて何艘もの船が集まっていた。

(松永さん)「ほらー、手前、手前。こっちこっち」。

船上で、松永さんの厳しい指導の声が響く。松永さんは、投網の技術を、貴行さんに必死に教えていた。投網漁は、タイミングよく網を大きく広げる投げ方の技術が必要で、投げ続ける体力もいる。松永さんは、息子が投げ網の技を習得して、この先、何とかこの海で生きていけるようになって欲しいと思っていた。

（松永さん）「私たちが、潜りを始めた頃のようなですね、水揚げがもう一回あればですね。何とか息子を後継ぎにさせて、よかったという実感が持てますけど…。しかし、夢は捨てんで、まあ、一歩でも夢に近づきたいです。近づけるような海にですね、戻してもらいたかなと思います」。

松永さん親子は、必死にこの海で生きていこうとしていた。

混迷する諫早湾干拓

2002年に私が異動で長崎を離れる時も、問題は全く解決していなかった。私は、取材先の人たちを後輩に紹介し、後を引き継いでくれるよう頼んで転勤した。その後、諫早湾干拓の問題は、混迷を深めていった。2008年に干拓地は完成、入植者によって営農が始まった。しかし、海の異変は続き、漁民が国を相手に、干拓のために造られた湾を閉め切る堤防（「潮受《しおうけ》堤防」）の排水門を「開門する」よう求めていくつも裁判を起こした。逆に、入植した農民が国を相手に「開門しない」ことを求めて訴える。それぞれ、「開門」と「非開門」を命じる、相反した判決が出された。そして、国は「開門」を命じられた〝確定判決〟の「無力化」を求める裁判を起こす。この裁判は最高裁判所に持ち込まれ、2019年9月に出される判決で、国が勝てば、泥沼化し長期化するこの問題も終わりになるのではないかとも言われる状況に至った。この年の6月、私は6年間の熊本局勤務を経て、福岡局に異動した。まもなく最高裁判決が出されようとしていたが、局内でも関心は薄かった。諫早湾の閉め切りから22年がたち、これまでの経緯や問題意識は風化していると感じた。しかもこの時、たまたま、長崎局に諫早をテーマに継続的に追いかけているディレクターや記者もいなかった。時間が経過し、こじれにこじれた、この問題に再び関われば、相当大変なことになるだろうとは、すぐに予想できた。関わるのは大変だという気持ちと、一方で、自分がやらなければ誰がやるんだという気持ちがあった。結局、17年ぶりに再び諫早に向かうことになった。そこには、問題が長期化・複雑化する中で、予想を超えた更なる困難が待っていた。

私は、2019年から20年にかけて、諫早湾干拓の今を描く番組を4本制作し放送した。一連のまとめとして制作したのが、ETV特集「引き裂かれた海～長崎・国営諫早湾干拓事業の中で～」*である。

*ETV特集「引き裂かれた海～長崎・国営諫早湾干拓事業の中で～」（2020年6月13日放送）湾の3分の1が閉め切られ、2008年に完成した国営諫早湾干拓。残された海では異変が続く。この海で漁を続ける漁師・松永秀則さんは、海の環境改善のために、諫早湾を閉め切る堤防の排水門の開門を求めている。かつて松永さんたちとともにタイラギ漁をしていたが、不漁が続く海での漁を諦め、干拓工事の仕事をした嵩下正人さん。工事が終わり、干拓地で農業を始めたが営農に失敗。今は細々と農業をして借金を返す日々を送る。干拓事業を受け入れ、漁業補償協定に調印したことを後悔し続けた漁協の元組合長・森文義さん。2017年に病気で亡くなるまで、海が元に戻るこ

「潮受堤防」で閉め切られた諫早湾

定置網漁をする松永秀則さん夫妻

とを願って開門を訴えた。一方、干拓地に入植し営農を続ける人の多くは、巨額の設備投資をして農業を始めたのに、水門を開門すれば農業用水が使えなくなると水門の開門に反対している。しかし、営農者の中から、農地の不良と水門の開門を訴える人が現れた。巨大公共事業の中で人々はどう生きてきたのか、見つめた。

17年ぶりの再会

２０１９年7月。開門を主張してきた漁民たちはどういう思いでいるのか、私は漁師の松永秀則さんを17年ぶりに訪ねた。松永さんは、私を見て「老けたねー」とかいいながら、再会をとても喜んでくれた。

9月13日、判決の日。私は松永さんのお宅で共に、判決の結果をテレビの前で待っていた。松永さん自身が原告で開門を求めた裁判は6月に敗訴が確定していた。取材していた時、いつも前向きで明るく振る舞っていた松永さんだったが、敗訴はかなりこたえたようで、元気があまりないように感じた。そして、今回の判決次第で、20年近く続いてきた一連の司法での争いが、漁民側の敗訴で終わってしまうかもしれない状況の中で、その流れにあらがうかのように、気丈に話してくれた。

(松永さん)「裁判で私たちは負けたんだけど、負けても私たちは認めてる訳じゃないですもんね。干拓によって、壊れていってると、海がですね。というのは現実ですから。だからその事実を、やっぱり事実として認めてもらうまでは、何らかの形で闘っていかざるをえないでしょう。海を戻すために」。

調整池からの排水は境目を表しながら海に広がっていく

やがて、テレビでアナウンサーが判決の内容を伝えた。

（アナウンサー）「今、入ったニュースです。長崎県諫早湾の干拓事業を巡り、排水門の開門を命じた確定判決を無効とするよう国が求めたことについて、最高裁判所は判決で、国の訴えを認めた2審の判決を取り消し、福岡高等裁判所で審議をやり直すよう命じました」。

（松永さん）「やり直し！」。

判決は、国の訴えを認めた二審判決を破棄し、福岡高裁への差し戻しを命じた。審理は差し戻され、法廷での闘いは続くことになった。

朝6時。今日も松永秀則さんは、妻の芳子さんと2人、一艘の船に乗って諫早の海に出ていく。タイラギ漁は26年連続（2019年10月現在）で全く漁ができない状態が続いていた。今は定置網漁でコハダなどを取っているが、上がるのは売り物にならないエイばかり。水揚げは、最盛期の10分の1程に減っているという。

（松永さん）「たったこれだけですよ。これだけ。ははは。干拓前の最盛期やったら、その船（私たちが取材で同行した0・6トンの伝馬船）いっぱいくらい（取れていた）。ここいっぱい。足の踏み場がないように、この辺（膝）くらいまで、魚が、この船いっぱいぐらい。干拓をしてから、急激に魚が取れなくなったし、現場ですぐ分かるんだから、色々考えたり、ね、調査をしたりしなくても、これ（諫早湾干拓）の影響というのはすぐ分かるんですよ」。

松永さんは毎日、変わってしまった海で、この海に立ち現れた巨大な壁、「潮受堤防」を見ながら、漁を続ける。

諫早湾を閉め切る全長7キロの「潮受堤防」の上には道路が造られ、対岸まで車で通行できるようになっている。「潮受堤防」の内側には広大な人工の池「調整池」ができた。海水が入ってこない「淡水」の池で、干拓地の農業用水として使われている。「調整池」には、諫早市を流れる本明川などの川から水が流れ込む。いったん溜められた水が増えると、干潮の時に潮受堤防にある「排水門」が開けられ、調整池から海に排出される。その量は年間約4億トン。調整池からの水は、灰色に汚濁し、海水の色とは明らかに異なっている。排水される水は、はっきりとその境を表しながら海に広がっていく。

松永さんたち漁師は、この排水が、海の異変の原因の一つだと考えている。そして、この状況を改善するために、今は排水門から一方的に排水されるだけだが、水門を「開門」することで調整池の中に海水を入れ、調整池の水質を改善することを求めている。

こうして諫早湾干拓は造られた

諫早湾を大規模に干拓する計画が最初に持ち上がったのは1952（昭和27）年。「長崎大干拓構想」は、戦後の食糧難の時代、諫早湾のほぼ全体を閉め切って干拓し、広大な水田で米を作る「食糧増産」が目的だった。かつてない日本最大規模の計画で、工費は160億円だった。その後、1957（昭和32）年に、諫早大水害（諫早豪雨）が起こり、防災目的も加えられた。しかし、漁場を失う漁民たちは反対した。やがて食糧事情も変わってくる。米が余る時代になり、当初の「食糧増産」の目的は失われることになった。すると、農業用水や都市用水の「水資源開発」や「畑作」を目的とする「長崎南部地域総合開発計画」（南総）に変更される。やはり、諫早湾のほぼ全体が閉め切られる計画で、総事業費は900億円に膨らんだ。

しかし南総は、有明海沿岸の佐賀、福岡、熊本の漁民などの猛反対にあう。各地で漁船を出しての海上デモや座り込みなどが繰り返された。

1982（昭和57）年、長崎県選出の金子岩三・農水大臣（当時）は、「諫早湾外、県外の同意が得られず、推進は困難」として、南総打ち切りを表明。計画は、いったん中止に追い込まれた。しかし、今度は、閉め切りの規模を湾の3分の1に縮小し、「防災対策」を主目的にした「諫早湾干拓事業」が計画される。1989年に工事に着工し、1997年に「ギロチン」と言われた湾の閉め切りが行われた。当初の総事業費は1350億円、最終的には2530億円に膨むことになる。

十字架を背負った人生〜元 漁協組合長・森文義さん

干拓工事が始まる前、諫早湾内には12の漁協があった。干拓事業を受け入れるかどうか。11漁協が次々に同意する中、最後まで反対していたのが、小長井町漁協だった。漁民たちは、干拓の主な目的が、住民の命に関わる「防災」とされたこと。そして、残された海への影響は少ないなどと説得され、次第に同意に転じていった。

1987年、小長井町漁協も、最終的に受け入れを決定。小長井町漁協の漁民たちが〝影響補償〟として受け取った額は、それまでの水揚げのおよそ1年分だった。国や県から、干拓の影響は少なく漁は続けられるといわれ、漁業権を完全に放棄した堤防内の人たちと比べて低額なものだった。そして1989年、干拓工事が始まった。（注：諫早湾干拓前に、湾内に12あった漁協のうち、湾の3分の1が閉め切られて、海がなくなった8漁協はなくなり、残された海で4漁協が漁業を続けることになった）

干拓を受け入れたことで、生涯、重荷を背負わされた人がいる。当時、小長井町漁協の組合長だった森文義さん。2017年に、病気で亡くなった。森さんは、組合長として、1986（昭和61）年に漁業補償協定に調印した。自身もタイラギ漁をしていた森さんは、個人的には干拓に反対だった。しかし、先に同意し補償金をもらうことを決めた他の組合から、「小長井町漁協だけ反対していると諫早湾で漁はさせない」とも言われたという。既に同意し、補償金をあてにしていた他の漁協の組合員たちは、ここで否決されたら困る状況だったのだ。森さんは、最終的に、組合長の立場として署名・捺印せざるを得なかった。

2008年、森さんは、故郷を離れ、横浜市にいた。小長井で経営していた海産物の加工・販売の「森海産」は倒産。慣れない土地で、慣れない土木工事などをして暮らしていた。当時の取材に、森さんは、腰に付けた土木工事用の道具を見せながらこう語った。

（森さん）「大体こういう道具が何なのか名前も知らんでさ、仕事した。ははは。（工事現場の）若いやつからね、『森さん、こんな道具の名前も知らないのかい』って言われて、『知らんから聞きよるやないか』って言いながら、仕事したよ」。

干拓工事が始まると、諫早の海では、タイラギやアサリが取れなくなった。森さんが調印したことを、漁師の仲間から、「海を売った」と、責められることもあったという。

（森さん）「結局、みんな（豊かな海を）取り上げられてしまって生活が成り立たないでしょう。だから、こんな自然が壊れるようなことに対して、印鑑を押したということ、やっぱりものすごい罪だと思った。だからね、（組合長の）俺が、押したからだろうね、特に」。

「そのー、なんちゅうのかな、後悔、後悔じゃないけどね、すまんかったと。まあ、印鑑を押さざるをえない状況だからね、だけどやっぱり、申し訳ないことをしたなあと。印鑑を押した人間としてはね、それがずーっと（頭から）離れんのよ。あの、手の震えながら押したときの感触がね、あれより強いもん（経験）ないもん。どんなことが起きても、家がなくなろうがさ、色んなことがあってもさ、あの時のみたいなね、何というの、わなわなとするような時はないな。あれが、ずーっと残ってるのよ。たぶん、学者の言う（諫早湾干拓を造っても漁獲量は）2割くらいの落ち込みで終わるっていう、そんなこっちゃないだろうっていうことが常にあったからね…。それはあったよ」。

「漁師というのは、ムツゴロウじゃ、カニじゃ、貝と一緒ですたい。水がだめになりゃ、ダメになったわけよ。だから、わしらも、ムツゴロウと一緒に死んだようなもんよ」。

（参照：九州沖縄スペシャル「失われた宝の海～諫早湾干拓　漁師たちの選択～」（NHK・2008年3月14日放送））

25年前に諫早の取材を始めた時、私は、森文義さんを訪ねていた。森さんは会って話をしてくれたが、当時、経営していた海産物の加工場が倒産し、調印したことを非難されることもあったことなどから、カメラでの撮影は断られた。その後、私が諫早から離れ何年も後になって、後輩ディレクターたちの粘り強い交渉で、撮影に応じて番組に出演してくれていた。調印したことを後悔し、最後は干拓反対の立場で発言したり活動したりしていた。その文義さんが亡くなってしまった。2019年9月、私は、森文義さんの妻・あさ子さんが始めたという小長井町の国道沿いの惣菜店を訪ねることにした。あさ子さんに会うのは初めてだった。

あさ子さんには、以前、文義さんに会ってお話しを伺っていたこと。今、再び諫早を取材しようとしていることなどを率直に話した。カメラでの取材を依頼すると、ちょっと考えさせてくれと言われた。2週間後に再び訪ねると、応じると返事をくれた。文義さんが亡くなって2年半がたち、ようやく少し心が落ち着いてきたということだった。あさ子さんはこの頃、倉庫を改装した惣菜店の2階に住んでいて、部屋には文義さんや両親の位牌が置かれた仏壇があった。日課だというお経をあげた後に、あさ子さんに話を聞いた。

（森あさ子さん）「まあ、自分が調印したわけですから、自分のことを含めて、『天罰が下ったんだ』って、よく言ってました。やっぱり、長年組合長もやってきて、長年漁師もやってきて、その、本当の意味での「宝の海」の必要性というか、なんて言うか、そういうものが、あの、ずーっと気持ちの中にあって…。本当にあの、もう、十字架ですよ。それが十字架で、それを背負って一生生きなきゃいけない」。

漁師が自らの手で干拓工事をした〜嵩下《だけした》正人さん

1989（平成元）年から干拓工事が始まった諫早湾。その工事現場に、かつて干拓に最後まで反対していた小長井町漁協の漁師たちの姿があった。不漁に苦しむ中、国が雇用対策として、大手ゼネコンの下請けの仕事を用意したのだ。漁師仲間と建設会社を作り、社長として干拓工事を請け負っていた嵩下正人さん。かつて、森文義さんの元でタイラギ漁を始め、松永さんと競って漁をしていた。しかし、干拓で、生き方が大きく分かれた。

2008年の取材の際、嵩下さんは、強い口調でこう話していた。

（嵩下正人さん）「じゃあ、（漁師が干拓工事で働くことについて）なんか言う人がいれば、あなたが僕らの生活を保障してくれるんかと。だって、明日の収入がない、ギリギリの状態ですよ。海に出たって海は何もないんですよ。漁業者がどうしろっていうんですか。何とか生活を、生活を、生活をって（組合員たちが）言うもんだから、もう最終的には、国に、干拓事務所に頭下げるしかなかった」。

（参照：九州沖縄スペシャル「失われた宝の海〜諫早湾干拓　漁師たちの選択〜」（NHK・

２００８年）

　実は、私は、嵩下正人さん（64歳・２０２０年6月放送時）とは少なからぬ因縁があった。20年程前に諫早を取材していたとき、嵩下さんから怒鳴られたことがあったのだ。干拓工事をしている漁民たちを取材したいと話を聞きに行った時、嵩下さんは激しい口調で、私を牽制してきた。国から請け負った干拓工事の仕事。マスコミが動くことで、仕事に影響がでるのではないかと恐れていた。私が、国の干拓事務所にも話を聞きに行くという話が耳に入ったらしく、興奮した声で、私の携帯に電話がかかってきた。

「何を嗅ぎ回っているんだ。マスコミが変に動いて、仕事がなくなったら、どうしてくれるのか。そうなったら、お前が俺たち全員の生活を面倒見てくれるのか。余計なことしたら、ＮＨＫに乗り込むぞ」。

　私はただ、国の見解も聞きに行くだけだと言ったが、嵩下さんは、明らかに威嚇していた。冬空の下、私は心から震えた。そして、私は気づいた。なるほど、国から仕事をもらうということは、こういうことになるのかと。つまり、嵩下さんたちは、生活を干拓工事に依存することになったため、とにかく国を刺激したら、仕事をもらえなくなるかもしれない、と恐れていた。そう言われていたかどうかは分からないが、少なくとも嵩下さんは忖度していた。こうして、国に対して意見も言えなくなるのだろうと想像した。

今、嵩下さんは、どういう思いなのか、久しぶりに訪ねることにした。嵩下さんは、以前より少し痩せ、穏やかになったように見えた。当時の私との会話は覚えていなかった。あの頃は取材を嫌がっていたが、私はかつてのことも正直に話し、取材をお願いすると、今回は受け入れてくれることになった。

干拓事業が終わって、建設会社は倒産。多額の借金があると言う。自宅は人手に渡り、息子が家賃を払ってくれて、住んでいるという。そもそも、干拓工事が始まって以来、どういうことが起きていたのか改めて聞いた。

（嵩下さん）「ただ、（漁に）さほど影響はないという言葉を信じて、僕らは印鑑を最終的には押したわけだから。それで干拓が始まった途端、全滅でしょ。それはー、みんな、先のことを心配するさ。今後の生活を、この若い連中、僕らも一緒、漁協の組合員はどうやってこの何もない海で、全滅死滅してしまった海で、生活していくんかっていうことを（国に）聞いても答えてくれんわけ。そら、県、国相手にけんかしても、1単協（漁協）じゃたぶん勝てんよってていう話になってしまう」。

「まあ最終的には、干拓で働く、働いてもらうことできんでしょうかっていうもんだから。それで、会社ができてしまったんです。そのかわり、この干拓が終わったら、漁業に戻れるようにしとってよって。それを約束してください、ということで最初、話したんですよね。まあ、口約束。ははは」。

後継ぎは海を離れた〜松永秀則さん

2020年3月。漁師の松永秀則さんが向かっていたのは、小長井町の海岸、アサリの養殖場。松永さんの養殖場からは、潮受け堤防の「排水門」がよく見える。調整池からの排水が行われると、まともに排水が流れてくるところだ。

松永さんはかつて、1年中アサリを取っていた。しかし今は、調整池からの排水が増える梅雨時以降になると、養殖しているアサリが死ぬため、春先の3か月ほどしか収穫できないという。

（松永さん）「（調整池からの）排水の前に貝ば掘りあげてしまわんばいかん。掘りあげてしまわんば。水をどんどんあける（排水する）ようになったら死んでしまうとですよ。だから、ここにできた稚貝がみんな育つんであればですね、相当の利益が出るんですけど。前はそうだったんですよ」。

「一回私も、ここも全部、いっぱい貝ができてたときに、（排水で）全部全滅して（しまった）。今は死ぬ貝がいない状態ですよね。入れた分は早く掘りあげて、終わりにしてですね。そうせんと、そのままやったら入れた分全部死んでしまいます」。

国や県は、有明海の特別措置法に基づいて、有明海再生のための対策事業として、アサリの稚貝を放流したり、養殖場に砂を入れたりしている。松永さんはこうした補助事業がなければ、アサリ漁は成り立たない状態だという。

松永秀則さんの長男・貴行さんは、41歳になっていた（2020年6月放送時点）。私が20年程前に取材していた時は、貴行さんは父親と一緒に漁を始めたころだった。秀則さんは熱心に投網漁を教え、後を継がせた貴行さんが、何とかこの海で生きていけるようにと願っていた。しかし、10年間一緒に漁をしたものの、結局、漁が再び活気づくことはなく、貴行さんは船を下りることにした。今は、障害者施設で介護の仕事をしている。この日は仕事が休みで実家に帰ってきていた。2人に話を聞いた。

（貴行さん）「これから海がよくなるってなれば、この先戻ってくるっていうのも選択肢の中にはあると思うんで、それがいつになるか分からんけど。そのときにまた自分も（漁が）できたらなと思うんで。なんとかきれいな海に戻ってもらいたいなという思いはありますね」。
（松永さん）「やっぱり、後を継いでもらうとがいちばんの夢で、頑張ってきて、色んな投資をしてきて。あのー、それが生きがい、やりがいで頑張ってきたんですけどね。（息子が）もっと大きくしてくれるかなと、自分たちの考え以上にね。いろんなパソコンとかなんとか、私たちが手に負えんような技術が出てきたけんが、そういうとを駆使してやってくれるかなと思って期待してですね。だけん、一回は（漁を）手伝ってくれと言ったけど、福祉のほうに誘いがあって、息子が行きたいってなったときに言えなかった。ははは。断って漁をしてくれって言えんやったです」。

松永秀則さんたち漁民は今、諫早湾が閉め切られてから養殖アサリなどを食べ荒らすようになったナルトビエイの調査をしている。漁船を出して網でナルトビエイを捕獲し、生息状況などを調べる。有明海の特別措置法に基づき、国や県が行っている海の異変の原因調査の一環で、松永さんたちが請け負っている。同行して取材したこの日、網には何もかからなかった。今は被害にあう貝や魚さえいなくなったという。そして、調査費の日当が漁師の生活を支えているのが現実だ。

（松永さん）「もう（魚介類が）何もいないから、こういう調査でなんというか、調査費をもらって生活をしているという状態ですよね」。
（どんなお気持ちですか？）
「もう、漁業者の状態じゃないっていう。ははは。本来はこういうのは調査会社がやる仕事ですよね。漁業者は魚を取って生活をするのが本職ですから…」。

「振り返って、バカやねーって」～嵩下正人さん

漁業を諦め、漁師の仲間と建設会社を作って干拓工事をしていた嵩下正人さん。干拓工事が終わった後も、諫早湾干拓に翻弄されてきた。２００8年、入植が始まった干拓地に、嵩下さんの姿があった。干拓工事が終わったら、仕事がなくなると悩んでいるときに、国の担当者から入植を勧められたという。42ヘクタールの広大な畑で、国や県が推奨していたジャガイモやタマネギなどを作ることにした。大型トラクターなど設備投資におよそ2億円がかかった。干拓工事で働いていた、元々漁師仲間の従業員も、新しく設立した農業法人で受け入れ、働いてもらうことにした。失敗するわけにはいかなかった。

しかし、元々干潟だった干拓地は、水はけが悪く、ジャガイモが大量に腐るなどして、大幅な赤字に陥ったという。

（どうなったんですか？）

（嵩下さん）「（ジャガイモが）雨で腐ってしまったとですよ、長雨で。畑が水につかってしまって、大雨がずーっと降ったもんだから。結局、干拓地自体が、水はけが悪いっていうのと、どうにもならんやったもんな、確かに。水が切れんとですよね、いったん雨降れば。山のさらさらの畑じゃなくて、干拓地特有の潟地だから。（土が？）うん。水含めば、もう。だから、

ここではジャガ（イモ）を作る人がおらんごとなってしまった。収穫前に雨が降って、雨が降ったら1週間はそこの畑に入られんとやもんね」。

「結果、食い潰してしもうて、借金が4億。あっちこっちから持ってきて、なんとかせんばいかん、なんとかせんばいかんっていう焦りになってしもうて。だけど、金も貸してくれんし、しょうがないみたいな言い方しかされんもんやけん」。

結局、営農に失敗し、撤退。借金の総額は4億円に上った。今は、小長井町に戻り、親戚から山あいの畑を借りて細々と農業をしている。少しずつ借金を返す日々だ。訪ねた日は、高菜の植え付けをしていた。たった1人で広い畑に腰をかがめての作業はきつそうで、「はーっ、はーっ」と息が上がっていた。嵩下さんに今振り返ってどう思っているか聞いた。

（どうですかね、今振り返って思われることは？）

（嵩下さん）「バカやねーって。自分を振り返ってみてバカやねーって。自分は信念持ってしてきたつもりやったけど。やっぱり、漁業者、農業者が生きていけれるような体制をつくらんけん、こういうふうになっとたいって。ただ単に、この干拓を進めるだけの目的で、漁業者も農業者も、犠牲者、被害者じゃないかと。強いて言えばね。そういうふうなやり方をすること自体が間違うとるって僕は思うとですけど。漁業者と農業者がうまくいくような結果になってくれれば、それが一番よかとやろうけど」。

諫早湾干拓を進めてきた国の見解

諫早湾干拓事業では、干拓工事が始まって以来、残された海では異変が続き、干拓地でも農地の不良を訴えたり撤退したりする営農者が相次いでいる。この現状を、諫早湾干拓事業を進めてきた国はどう考えているのか。熊本市にある九州農政局を訪ねた。担当の親泊安次 地方参事官（当時）が取材に応じた。（２０１９年10月取材）

（農林水産省九州農政局・親泊安次　地方参事官（当時））

（当初41経営体で（干拓地での営農が）始まったと思うんですが、現在そのうちの13経営体が撤退している。この現状についてはどう思っていらっしゃいますか？）

「実は長崎県農業振興公社に土地の方、譲っておりまして、5年ごとだったと思いますけども契約更新されて、結果、今おっしゃったような数字になっているかと思います。個別、個別の状況をうちらも詳細把握してないので申し上げられないので申し訳ないんですけれども、今言ったように、現在しっかり取り組まれている方は意欲的にやられているという認識がございますので、そういう方々を応援していきたいというふうに思っています」。

（潮受け堤防で閉め切られた外側の海でタイラギ等の不漁が続いているという現状があると思いますが、そのことについてはどのように考えておられますか？）

「まさに今、有明海においては、赤潮や貧酸素水塊の発生等によりまして漁業に大きな影響を与えて、タイラギやアサリといった二枚貝類等、そういった漁業は依然として厳しい状況にあるというふうに認識しております。有明海の環境変化については、長年にわたる海域の全体で関わるさまざまな要因があるということだと認識しておりますけれども、現在、その現状については有明海特措法という特別法がございまして、それに基づきまして、うちらも含めて関係省庁、関係県と連携して、有明海の再生に向けてまさに総合的な取り組みを着実に進めていこうというふうに、それが必要だというふうに考えているところでございまして、引き続き漁業者等のご意見もお聞きしながらしっかりと取組を推進してまいりたいというふうに思っております」。

「もう一度漁をしたかった」～元漁協組合長・故・森文義さん、妻・あさ子さん

2020年3月、諫早市に一軒の惣菜店がリニューアル・オープンした。地元の食材を使った弁当や惣菜が並ぶ。近所の人や隣の佐賀県から買いに来る人もいて人気を呼んでいる。

店を営むのは、森あさ子さん。漁業補償協定に調印した元小長井町漁協の組合長、森文義さんの妻。森文義さんは晩年、1人で国会の前でビラを配ったり、座り込んだりして、水門の開門を訴えていたという。諫早の海が元に戻ることを、ただひたすら、願い続けていた。

（森あさ子さん）「干拓工事したのも漁民ですからね。漁民がしましたからね。漁民が会社作ってやりましたから。なんて言えばいいか分からないですね」。

「昔は、目標も一緒だし、同じ酒を飲んで、（一緒に漁を）してた仲間がそういうふうになった訳ですからね。人間関係も壊して。一緒に漁を、夜に海に出たりしてましたけど。家族みたいなあれ（つきあい）も、みななくなってしまいましたから……。もうそれはよく言ってました。私に向かってじゃないですけど、あの、『海も壊したけど、そういう人間関係も壊した』って言ってですね」。

（亡くなられるときは何かおっしゃってましたか？）

「本当に昔、結婚して当初ね、網（漁）をよくしてたんですけど、コノシロ網とか流し網とか。（2人で？）2人でやってたんですけど、特にコノシロ網をもう1回やってみたかなとか言ってましたけど。網を入れたかと思って、振り返ったらもう沈んでるんです。網が。それだけ魚がたくさんいて、入れたかと思ったらすぐ揚げなきゃいけない。『もう一度やってみたいな』って言ってました」。

森文義さんは、２０１７（平成29）年1月、故郷・小長井に帰ることなく、横浜で亡くなった。享年67。

あさ子さんは、毎日欠かさず、仏壇に向い「般若心経」をあげて手を合わせている。仏壇には、森文義さんの位牌が置かれていた。法名「釋還海信士《しゃくげんかいしんし》」。森さんは亡くなって、ようやく、願い続けてきた、諫早の海に還《かえ》ることができたのだと思った。

かつて「有明海の子宮」と呼ばれた諫早湾。干拓工事が始まって31年（2020年放送時点）。それぞれが、諫早の海で生きていくはずの人生だった。

第2章　座談会Ⅰ　困難な時代にドキュメンタリーで向きあう

【若手制作者】
東《ひがし》　大貴《ひろたか》　記者　九州朝日放送（ＫＢＣ）＝入社４年目
金子　壮太　ディレクター　ＲＫＢ毎日放送（ＲＫＢ）＝入社３年目
李《イ》　有斌《ユビン》　ディレクター　ＮＨＫ福岡放送局＝入社２年目

【本書執筆者】
臼井《うすい》賢一郎　プロデューサー　九州朝日放送（ＫＢＣ）
神戸《かんべ》　金史《かねぶみ》　記者　ＲＫＢ毎日放送（ＲＫＢ）
吉崎　健《たけし》　ディレクター　ＮＨＫ福岡放送局

【司　会】
福元　満治《みつじ》　石風社代表

２０２２年11月５日、石風社（福岡市）にて

福元満治（司会）　石風社の福元です。福岡で出版社を始めて40年になります。出版業界もかなり厳しい状況にありますが、マスメディアの世界を見ると、新聞社は発行部数が激減し、広告収入は３〜５分の１に。テレビの世界でも、いわゆるサブスクが広がり、見方が多様化し、テレビ離れが起こっている。世界を見ると想定外のパンデミックや戦争が起こり、排他的で、不寛容な世の中になりつつある。そういう中で、ドキュメンタリーは、その時代の「人間」を光も影も含めて深く描いてきた。地味だけれど、基本的なジャーナリズムではないかと。エンターテインメントや教養番組、ドラマも必要ですが、私にとってはテレビ・ジャーナリズムの中での「核」になるもの、「へそ」みたいなものがドキュメンタリーだと思っています。

九州は割と、ドキュメンタリーに意欲を燃やしている方々がいらっしゃいました。今回は、前々から知り合いの３人の方に「ドキュメンタリーの現在についての本ができないだろうか」と相談し、それぞれの代表的な作品を中心にしてドキュメンタリー論を書いてもらいました。視聴者はドキュメンタリー作品しか観ることがないけれども、この論考は言わば番組制作の舞台裏「楽屋の世界」です。それぞれの身体性をもって取り組んだ記録。そのこと自体が、ドキュメントとして面白い。

もう一つ、それぞれの「原点」になる作品について、書いてもらいました。３人はそれぞれ、制作者としてユニークなスタイルを持っています。

ＫＢＣの臼井さんは元々、報道畑のニュースを中心に作ってきた。ニュースの現場を深める形でドキュメンタリーを作ってきた。従軍慰安婦問題や警察の不祥事など。

ＮＨＫの吉崎さんは最初からディレクターと

して、テーマを持ってドキュメンタリー作品を作ってきた。その一つが水俣で、患者さんだけではなく、原田正純医師や作家の石牟礼道子さんといった方々を、時間をかけて作ってきた（昨年亡くなられた思想史家・渡辺京二さんの番組も作られた）。

ＲＫＢの神戸さんは元々新聞記者で、島原で大災害を体験し、新聞記者生活を経験した後テレビの世界に替わった。お子さんが自閉症だった個人的な問題から、差別や不寛容といった問題に潜む普遍的課題を提起している。三人三様で、編集者としてはいいバリエーションだと考えています。

一方、若手の方は入局2〜4年の20代。執筆者の3人は「親の世代」になるんじゃないかと思いますけれど、テレビも新聞の世界も未来はそんなに明るくはない。でも、みなさんはテレビ局の中で、報道とかドキュメンタリーとかのジャーナリズムの世界で生きてゆこうと考えておられると思うので、まず「なぜ入局したいと思ったのか」を話をしていただければ。

若手3人のテレビ局志望動機

東大貴（記者　ＫＢＣ4年目）僕が入社したのが2019（令和元）年。まだテレビ・マスコミ業界はかなりの人気があったかなと思いま

東大貴

す。熊本大学に通っていて、地方だったのもあるかもしれないですけど。慣れ親しんでいて、みんなが知っている業種で、その中でやりがいがありそうな仕事。かつ、入れる人の数も多くはないので、学生には人気がありました。私は文学部だったので、「メディア論」という講義を受けたことがあります。NHK熊本放送局の若いディレクターの方が講師に来てくださった。テレビという番組を作って、いろんな人に見てもらえて、それで世の中が変わっていくところにすごく興味をひかれた。趣味でも個人の活動でもなく、仕事としてできるのがすごく魅力的だな、と思ったのがきっかけです。運よく、九州朝日放送（KBC）に入ることができました。

福元　入社はそう簡単ではないですよね。

東　就職活動している時には「無理だろうな」と思ってやっていました。

福元　文学部の専攻は？

東　社会学です。

李有斌《イ・ユビン》（ディレクター　NHK福岡2年目）私は、大学1年生の時からずっと「絶対マスコミに入りたい！」と思っていました。NHKのディレクターが第一志望だったんです。大学の専攻は、会計学科だったのですが「どうしてもマスコミ関連の授業を受けたい」とゼミに入りました。大学時代は学生が作るものではありますが

李有斌

ドキュメンタリーを制作していました。父がマスコミ業界の人間で、小さい頃からテレビが身近な存在だったことが大きかったのかもしれません。高校生・大学生になってから父が作った作品を初めて観たんです。その時は、「こういうことができる仕事ってあるんだな」と思いました。自分の中では他人ごととは思えない社会問題もあったんです。そういうことも重なり、ドキュメンタリーだったらNHKというイメージもすごく強くて。頻繁に番組を見るようになったのがNHKのディレクターを目指した一番のきっかけです。

金子壮太（ディレクター　RKB3年目）　自分は、ジャーナリストという意識はないんですけど……。デザイン系の大学で、「プロダクトデザイン」という製品デザインの学科でしたが、就職活動でデザイン系の会社を全部落ちちゃって。「何か、モノを作る仕事はしたいな」と思って、慌てて切り替えた。父親が広告代理店の人間で、偶然NHKのディレクターを知っていた。就職活動の相談をしたら「ちょうど長崎でドラマを撮ってるから、来いよ」と。数日間ですけど同行して。原爆の話は修学旅行程度でしか知らなかったんですけど、こういう世界もあるんだな、と思いました。地元の人に話を聞きながら、急にカメラを回し出したり、テレビの仕事は楽しそうだなと。テレビはNHKさんとRKBしか受けてないんですが、それで入ったという感じです。育ちは福岡です。大学も福岡で。

なぜ無声映画を導入部に使ったのか？

福元　では、3人の作品をご覧になっての感想を、どなたからでも。

李　神戸さんの『イントレランスの時代』。冒頭、映画のシーンから始まって「あれ？　これどん

金子壮太

な内容のドキュメンタリーだろう」って最初は疑問に思いました。ただ、最終的に感じたのは、結局「昔も今も変わらず不寛容の時代は繰りかえしている」ということでした。その中でも、構成するうえで、映画を冒頭にどうして入れようと思ったのか、その意図をお伺いしたいです。

神戸金史（ＲＫＢ）　私が映画『イントレランス』を観たのは、大学3年生だったと思います。早稲田にあったミニシアターで上映があった。無声映画は、チャップリンは観たことがありましたけど、１９１６年という昔の映画は見たことがない。興味を持って観に行ったんです。そうしたら、いろいろな時代をジャンプしていく構成や、セットの巨大さにびっくりして。想像したものよりあまりに深いものだったので、とても印象に残った。30年も前に見た映画の名前ですが、「イントレランス」（不寛容）という言葉はずっと頭にあったんです。

やまゆり園事件やヘイトスピーチを取材する中で、それぞれに共通しているのは「不寛容」かな、映画『イントレランス』のように全然違う話を並べてもいいんじゃないかな、と思いました。『イントレランス』は映画史に残る傑作と言われていますが、観たことがある人はほとんどいない。冒頭に映画を見せたら、ヘイトスピーチや沖縄差別、記者への攻撃と

神戸金史

か、いろいろなものも一つにできるんじゃないか。構成とテーマを映画から借用してみたら、僕の思っているイメージが映像化できるのではないか、と思うようになったんです。

李　別々のテーマのように感じるけど、結局最後は一つの線でつながる。普通なら、別々の話を1つのものにするってなかなか難しいと思うんです。この映画をどうやって見つけたんだろうっていうのが一番気になりました。

神戸　それは、大学の講義をサボったから（笑）若い時に観たものは無駄にはならないですよね。

福元　それは大事ですよね。何が後で糧になるか分からないですから。でも思い出すっていうのもすごい。

神戸　30年以上前に見たものですが、頭から消えることはなかったです。

東　『イントレランスの時代』のあの入り方、僕は「すごいキャッチーだな」と思いました。ドキュメンタリーって重いテーマがつきもの。社会性のあるテーマってどうしても重くなってしまう。番組自体も重くなっていくところで、入り口を映画にしたことで、すごく見やすくなっているという印象でした。1時間番組の「頭の数分」を、どうやって入るかっていうのは、すごく悩むところだと思うんです。皆さん、どう意識されているのかな、と。何回も現場に行って、何十時間と取材している中で、1カット目をどうする

吉崎健

か。無限のように選択肢がある中で、どうやって皆さん選ばれているのか。吉崎さん、うかがってもいいですか。

吉崎健（ＮＨＫ福岡）　最終的にはもう、編集ですよね。最初から決めてるわけではないので、最終的にどれが一番いいかなと思って決めるっていう感じです。もちろん僕の判断もあるし、一緒にやっている編集マンの感じ方、そしてもちろんプロデューサー、みんなの考えがあって決まっていくんですけど、編集マンはやっぱり「画《え》が強い」というか、理屈でこうだというよりは、何か伝わってくる映像を最初にもってきてくれる。いろいろなパターンがあるので、いろいろそのつど違うんですけど、「すごく大きなところから入る」というよりは、「ちょっと小さなところから入る」ことが多いですかね。

「慰安婦」番組化に不安感じる若手

金子　臼井さんの慰安婦問題の２本を観終わって、絶対に番組にしないといけない番組だったなと思った。一方で、日本でこういうのをやることにはものすごい反発があるというか、「あいちトリエンナーレ」の問題もありましたし、会社から「どうなの、これ？」って言われたりとかしなかったのですか？　自分の中で、どういった気持ちで深く追求していこうとなったのですか。

臼井賢一郎（ＫＢＣ）　きっかけは、福岡に元慰安婦の方が来られて、証言を行ったことです。一部にしか知られてなかった歴史が、つまびらかになってきた。これが慰安婦問題取材の端緒なんです。何で取材をしたかと言うと、慰安婦という立場を隠して生きてきた女性たちに、自分が惹《ひ》きこまれたということでしょうね。戦後補償問題を追及する番組でしたが、それ以上に出会った人たちの迫力、生きる様に魅せられたというところかなと思っています。どの生き様も美しかった。取材しながらそう感じていきました。

臼井賢一郎

　この問題を表に出した韓国の大学の著名な教授、尹貞玉《ユン・ジョンオク》さんは、高潔な女性でした。落ち着いた穏やかな調子で話されるのですが、言葉はすごく重たかったです。慰安婦問題について聞くと、「今謝罪もなく、この事実を若い人々に伝えないとしたら、元慰安婦たちを三度殺すことになります」（２５１ページ参照。一度目は「当時女性たちにひどい扱いをしたこと」。二度目は「彼女たちが46年間、歴史の中で忘れ去れていたこと」）。これは大変なことを言われたな、何とか理解しよう、と取材を進めました。そういうことで番組化に至ったという感じです。

金子　私は「平和教育」を受けて育ってきた世

代で、慰安婦問題はあんまり正直知らない。どちらかと言うと「原爆落とされました」など日本がやられた話は聞くが、こっちがやった話はあんまり聞かなかった。

臼井　そうなんですか……。

金子　原爆を落としたアメリカでは逆と言うか、（原爆の被害を教育）してないんじゃないかな、と思った。都合のいいことしか教育しないのかなと思ったんですけど。テレビができる役割というか、この番組も教育の場で出せたらいいのかなと思ったんです。

臼井　制作時、私は5年目の記者だったんですけど、僭越ながらそういう使命感は持ちましたよね。やらないといけないなって。さっきの質問で、会社がどうだったのか？とありました。意外なことなのかもしれませんが、「気にする」というのは全然なく、「大丈夫か？」という感じでもなかったです。番組プロデューサーも報道部長も報道局長も「とにかくやれ」という感じで、ストレートに攻めていったという記憶しかなくて。

今に至っても、この問題は解決していない。考え方が２つ、極論２つに分かれている。ずっとそのまま、当時の構図は変わっていない。相当重たい問題だと改めて思い知らされています。

福元　でも、ちょっと変わってきましたよね。

福元満治

まだあのころ（1990年代前半）は、日本政府の関与の問題について戦後的な贖罪観によって追及していくと同時に、その歴史的真偽を問う形だったけれども、その後徐々に変わってきて、「在日特権を許さない市民の会」（在特会）が出てくる。あの時点ではヘイトスピーチみたいなものは表に出てきてないですよね。

臼井　そうです。反発の声は少なからずありました。神戸さんの『イントレランスの時代』にもあからさまなシーンがいっぱいありますけど、あれほどの動きはなかったと思います。

偏狭なナショナリズムの台頭

神戸　臼井さんがおっしゃったように、反発の声は当時もそれなりにあったかもしれないけど、今とはちょっと違うと思います。慰安婦問題を否定する人たちは今、日本国を背負っているような感覚で話をしていますよね。でも当時、反発をしている人も、逆に「慰安婦の事実を明らかにしたい」と言っている人も、別に「自分が日本国の代表だ」みたいな意識はない。

臼井　ないですよね。

神戸　反対している人たちも、「この問題はおかしい」とは言ってはいたけど「日本人だったら当然反対でしょう」みたいな雰囲気はなかった。

臼井　そんな背負い方はしてなかった。

神戸　変化したのは、そこかな。

臼井　ナショナリズムの間違った使われ方……。

神戸　つまり金子君の「会社は許してくれたの？」という疑問を、臼井さんは感じたことがないんですよ。やるべきだと思うからやっただけ。今の時代は、「日本人として言いにくくないですか」という感じになってきたことを、金子君の言葉から感じました。ここは、時代の大きな変化じゃないかな。

福元　今金子さんたちが作ろうとすると、そういうことが無意識のうちに内在化されてしまって、「大丈夫なのかな？」という感じになるわけですね。

金子　変わったのは、なぜなんですか？

福元　いろいろな側面があるでしょうが、トランプ元大統領の「アメリカファースト」の世界観のように、偏狭なナショナリズムが台頭して非常に排他的になってきた。難民問題も起こりましたので、よその民族に対して排他的になって、自国第一主義をよしとする風潮が出てきました。それは、グローバリズムと同時に起こってきた。世界がグローバル化していくと、他国に自国の富やプライドを侵害されていると思い込む人たちも出てきて、その反動で、ナショナリズムがカウンターとして出てきたという面はあると思います。

「人」を描く

福元　東さんは熊本にいて、水俣病の問題を感じることがありました？

東　それこそ「授業の中のもの」という認識がすごく強かった。語り部の方から話を聴く授業もあったんですけど、戦争体験した人たちの話を聴くのと同じくくりになってしまう。大きいテーマのものだから教科書には載るけど、そのテーマしか認識できていないと感じました。

慰安婦問題も水俣病の問題も、ドキュメンタリーにすると「人」を描いていくじゃないですか。そこですごく感じるものが多い。「韓国と日本」じゃなくて、立場がどうとかじゃなくて、まずその人は今こういうことを感じていて、こういう悔しさを持っている。水俣病も、チッソや水俣病の患者団体という大きいものじゃなくて、個人それぞれはこういうふうに今生活して、こういうことを感じている。「人単位で見られる」っていうのがドキュメンタリーのよさだとすごく今回感じました。

福元　一つの考えやある種のイデオロギー、あるいは政治的な事件だとか歴史的な事象だけじゃなくて、人間そのものを描いていくということではありますよね。

東　どうしても裁判の話になると、どっちが悪くてどっちが悪くないみたいな話になりがちなんですけど、どっちが悪くないみたいな話になりがちなところで見られる。番組はそこを一旦とっぱらったところで見られる。もちろんそれを考えることは重要だけど、その上で個人にフォーカスが当たる。善悪じゃなくて、「その人は今こうなっている」というのを見せられることで、水俣病の本質はそこなんだ、慰安婦問題ってそこなんだ、と感じることができた。

臼井　熊本にいながら「教科書の中の世界」と感じていた、と。私も長くジャーナリズムの世界にいて水俣病のニュースはずっと見ていますけど、それに近い感覚が実はありました。今回、吉崎さんの番組を見終わって思ったのは、「水俣病は遠くない」ということだった。普通の人たちがいるじゃないか。一生懸命生きている。石牟礼道子さんも「水俣の人々につかまれていく」とおっしゃっていましたけども、吉崎ディレクターも同じように「つかまれて」いって人々と切り結んでこられたな、とわかった。

　こういう作品を見ないと、近くに感じられないというところが、一つポイントだと思いました。事の本質を伝えていくという我々の仕事について、思い知らされた感じがする。自分自身も不勉強だったという反省も踏まえてね。

神戸　日々のニュースで、「戦争のことを報じるのは大切だ」と思って報道を続けてきましたけど、若い人たちに戦争のことを本当に語り続けてきたのか。「伝えてはいても、伝わっていないのではないか」と、思うようになってきました。今のお話を聞いていると、ドキュメンタリーで見たときに初めて心をわしづかみにされるような体験があるなら、それはニュースとの伝え方の違いなのかもしれない、という気がしました。

吉崎　授業でも、やりましたか？

東　水俣に行って、実際に患者の方のお話を聞く機会がありました。

吉崎　資料館に行って。小学5年生の時ですかね。今は、熊本県の子どもたちはそういうふうになってるんですけど、僕らの時は全くなかったし、あまり見せたくないというのもあったと思います。

福元　「水俣病」という名前をなくそう、という水俣市民の運動もありました。

吉崎　僕は記者じゃなくて、最初からディレクターだったってこともあって、始まりがニュースとは違うことも多い。ニュースじゃ伝えきれない「背景」とか、それまでの「歴史」だとか、どうやって生活しているのかといった「日常」とか、そういうところから取材していこうという気持ちがよりあると思います。

僕も最初、水俣に出会った時に、水俣のことを全く知らなかった。自分自身が、そのことに気づいたのが始まりです。「自分は何も知らないんだ」と自分が受け入れたところから何かが始まった気がしています。「無知の知」です。

僕も最初「水俣病患者」として見ようとしてたんだと思うんですけど、やっぱり1人の「人」なんですよね。水俣と出会って教えてもらった感覚がある。

福元　私は50年前、熊本大学の学生の時に水俣に関わっていたので、吉崎さんが撮った胎児性水俣病患者、今60何歳になっている人たちが、小中学生ぐらいだったんです。

今回ドキュメンタリーを観て印象的だったの

は、原田正純医師が「水俣病問題を、医学の問題にしてしまった」と発言されていること。1人患者が出たら、同じ魚食べているんだから、家族だって水俣病になっているだろう、なぜそれに気づかなかったかと。胎児性水俣病を発見したあの原田先生が率直に言うところに、ちょっと感動したんです。

水俣病はチッソという会社が起こした企業犯罪であるけれども、行政から医療やメディアや大学まで責任がある。熊本大学が最初に「原因はチッソの廃液ではないか」と言ったんだけれども、旧帝大系の大学研究者はそれを潰しにかかったんです。

それとチッソ相手に裁判も起こるわけですけれど、石牟礼道子という存在がなければ、水俣病事件は損害賠償請求事件にとどまったのではないかと思っています。水俣漁民の存在の背景にある、非常に深く豊かな世界を石牟礼さんは『苦海浄土』で描いた。そのことによって、日本の近代そのものをも問い直そうとした。そしてその石牟礼さんに終生寄り添ったのが、思想史家の渡辺京二さんでした。

東日本大震災での東京電力は、水俣病のチッソと同じだと思います。もちろん損害賠償請求事件も起こっている。でもあそこには、石牟礼道子がいない。原田正純がいない。渡辺京二がいない。でも、もしかしたら、いるのかもしれない。ドキュメンタリーの仕事は、そういう人にも、石牟礼道子とか原田正純とか渡辺京二がいる。そういう人を発見するところにあるのかもしれない。東北にしていく必要があるんじゃないか。吉崎さんの作品を観て、思いました。

「視聴者」って誰?

金子　水俣病の番組を今回拝見した後、インターネットでいろいろ見た時に感じたのが、チッソという会社への「怒り」だった。「就活生はどう思っているのかな」と気になってネットで調べたら、水俣病に関する就活の書き込みが消されていましたというのがあった。「自分が水俣病について書いた掲示板のコメントが誰かに削除されている」と。Ｙａｈｏｏ知恵袋でチッソの話をすると「いつの頃の話をしてるんですか」とアンサーが返ってきていたり。世の中こんな感じなんだな、と思った。

吉崎さんは、この作品を作るにあたって、誰に見てほしい、これを見てどう感じてほしい、という気持ちがありましたか。

吉崎　僕の場合、一番はやっぱり「取材させてもらった人」ですね。その人のことを一番大事にしようと思っています。もちろん、みんなに伝えたいという気持ちはあるんですけど、胎児性の患者さん、半永一光さんや坂本しのぶさんとか原田先生……この人たちのことをちゃんと伝えたい。番組を作っていて、上司とかプロデューサーから「これ、受けないよ」とか、「視聴率が取れないよ」とか、「こんなの視聴者に伝わらないよ」とか、いろいろ言われたりすることもあると思うんですけど、その時の視聴者って誰？って。ものすごく漠然としていて抽象的だし、そのプロデューサーが自分の好みで言っている場合もあるわけでしょ。そんなあやふやなものに合わせて作るのではなくて、やっぱり今、取材してる人を守るというか、この人をきちんと伝えようっていうことが大事じゃないかな、と思って僕はやっています。

「こうした方が視聴者受けするんじゃないか」とちょっと変えたりとか、極端になると歪めたり、ひどいことになったら「やらせ」になってしまうと思うんですけど、そうしたら取材させてもらった人に見せられないじゃないですか。取材相手に対して恥ずかしくない、ちゃんと見せられるような番組を作らないといけないな、と思ってます。

聞くことの大切さ

金子　ETV特集『〝水俣病〟と生きる』の最後で、「1枚のカルテだとしてみてしまえば、それで済んじゃう。しかしその1枚の診断書、1枚の申請書の裏にね、底知れぬいろいろなものがあるんだ。人は、1枚のカルテの裏っかわをどのくらい読めるか、によって決まってくるんじゃないですか」という原田正純先生の話がありました。ETV特集『花を奉る』でも、石牟礼道子さんが「お互いのことを思うということが、『忘れられていない』と。誰かが気にかけてくれてると思えたら、幸せじゃないでしょうかね。誰からも忘れられてしまったというのが、一番悲しい」。番組の最後、テーマを示すよい言葉だなあと思ったんです。自分の仕事に置き換えて、どう話を聞いているんだろうって、気になりました。

吉崎　結局、僕らの仕事って「聞く」という仕事ですよね。臼井さんも「インタビューで切り結ぶ」とおっしゃっていますけど。

臼井　その通りだと思います。

吉崎　まずはこっちが「聞く」という気持ちになってないと、話してくれないと思うんです。時々、自分でしゃべっちゃう人がいるじゃないですか。自分が説明したがるというか。こっちが言っちゃうと、向こうはしゃべらない。

一番大事にしているのは、「会話する」ということなんです。自分が聞きたいことをあらかじめ決めていたり、あるいはデスクやプロデューサーから「こういう言葉がないと駄目だぞ」と言われたりして、「この言葉を聞かなきゃ」と思って一生懸命だったり。だけど、「言葉狩り」しても伝わるわけではなくて、別にその言葉じゃなくても、その人の本当の気持ちを聞けばいい。こっちの都合ばかり考えていると、せっかく思いをしゃべってくれているのに、「で、ところで……」と次の質問にどんどん行っちゃったりする。そうするとちゃんと気持ちを聞けない。相手の方がおっしゃったことに対して、自分の心の反応があれば、次の決めた質問に行くんじゃなくて、会話していくのが普通で、それが大事かなと。

金子　「その時、どんな気持ちでしたか」と聞く時、僕はいつも「失礼で申し訳ないな」と思います。いや、そりゃあつらいに決まってるし、こうかなと勝手に予想してる自分も失礼なんですけど。グイと相手の中に入るというか、しゃべってくださいよっていう感じにもっていくやり方、自分がこれだけあなたのことを知りたい、と思っている真剣さを伝える方法どんなものがありますか？　真剣さが伝わらないんじゃないかと、いつも聞くことを不安に思う。

吉崎　「失礼かな」とか、中途半端に遠慮したら、かえってちゃんと伝えられなくなると思うので、覚悟を決めて、真剣に聞くしかないんじゃないでしょうか。

福元　臼井さんが、「もし自分たち日本人が何もしなければどうなると思いますか」という聞き方をしましたよね。あの聞き方は不思議だなと思ったんです。「相手が怒り出すんじゃないか」と一瞬思ったわけですよ。我々が何もしなければどうなりますかっていう言い方に「そんな言い方はないだろう！」と来るかと思ったら、あの先生は「3回殺すことになります」とおっしゃった。

臼井　インタビューは、あっという間に終わらせるものじゃない。事件や事故の時に、絶対撮らなきゃいけない、ファクトを押さえるインタビューは別として、ドキュメンタリーでのインタビューはインタビュアーである自分をさらけ出して、時間をいとわない。想定する答えを踏まえて質問を考えてはいますが、それ以上のものが出てくるんです。難しいけど、真剣に対峙して「同じ話をもう一度聞き直す」とか、「違う質問に行ってからもう一度戻ってくる」とか。重い話や思いの発露が出てくる時は、僕の経験からすると、ひたすら待っている時にあるという感じですね。効率性を考えるとよろしくないんですが、番組を表現・描写する時には必要な時間だと思うし、そうすることによってこっちが学ばされる。人間としてもジャーナリストとしても。非常に重要な豊かな時間がインタビューだなと私は思いますね。

福元　私も取材されることがあるんですが、取材されることによって「ああ、自分はこんなことを考えてたんだ」と思うことがあるんです。いろいろな質問をされた時に、自分が日頃意識していないことを言っていた。「そうか、俺はこういうこと考えてたんだ」と気づいたことがあります。

友の罪を再びさらけ出す

福元　神戸さんの『シャッター　～報道カメラマン　空白の10年～』。正直言って私は、観ていて相当苦しくなったんです。

李　ヨルダン空港爆発事件のことを、当時私は2、3歳で、知りませんでした。最初は、なぜ爆弾の破片を持って帰ろうと思ったのか気になりました。主人公の五味さんの上司が「俺のせいでもある」と言ったときに、「あ、なるほど」と。さらに、五味さんは「破片を持って帰ってきたのは、戦争と向き合いたかったから」とお話しされていて……。「どうしてそこまで夢中になれるんだろう」と不思議に思ったのが率直な感想です。ずっと自分のことを責めていた五味さんが、今やっとまたシャッターを切ろうと思ったタイミングに、どうして神戸さんは取材しようと思ったのか。五味さんを撮ってどんなことを伝えたかったのかなと……。

神戸　取材を始めてから最初に放送するまでに、5年かかっています。

李　あ！　5年……。

神戸　アフリカまで取材に行ったのに、全然放送しなかったんです。できなかったんです。どうしたら番組にできるか、わからなかった。放送すれば、非常に残酷なことになる。忘れられている事件をもう一度ネットで炎上させることになるわけです。友を。友の家族を。それをしていいのか、がわからなかった。僕は、五味に冷たい言い方で「何を撮るの？」「何のために？」「誰に伝えたいの？」と質問を重ねていましたが、僕自身が「五味を撮って、誰に伝えたいの？」「何のために？」と問われているような気がしたんです。五味と僕はパラレル。単に彼のヒューマンドキュメンタリーにするのが一番よかったんですけど、それを作る資格が僕にあるのか、とずっと考えていた。その果てに、僕たちメディアの姿も描くことに行き着いた。撮るという行為、取材するという行為は誰のためにあるか、を番組で描ければ親友を傷つけることになっても仕方がないと思うようになり、番組にすることにしました。それで、ものすごくややこしい構成になっているんです。

吉崎　この番組は勉強会で見てたんですけど、今回見直して、すごく感動しました。1回目に見た時は、僕も「罪は罪だよな」と、受け止められないところがあったんですが、今回見直してみて、神戸さんの友人に対する愛というか、忘れ去るんじゃなくて何かしてあげたいという心意気というか、五味さんの思いを分かってほしいという愛情をものすごく感じました。

五味さんの起こしたことは確かに罪なんだけど、もしかしたら自分も起こすかもしれない。同じだなって思った。誰でも起こしうる、というか。神戸さんはセルフドキュメンタリーを撮っているんですけど、自分を出すというより、友達である相手に対する思いやりを強く感じました。

臼井 僕もこの作品を何回か見ていますが、面白いと言ったら申し訳ないけど、いいですよね。番組の筋として、神戸さんがおっしゃったように、メディア人として「なぜシャッターを切るのか」と自分自身も含めて問う。そこで社会性を持つという話かもしれないけど、実は人間の再生の物語だろう。そこに友人である神戸さんがドーンと出てくるし、五味さんの奥さんが素晴らしい。撮る中で五味さんが少しずつ変わっていく。人間、誰にでもどんなことが起きるかわからないという一つのケースだし、その中でどうやって生きていくのか。そのプロセスには普遍性があると僕は捉えたので、素直に入ってきた。年を重ねてから見ると、感じ方も変わってくる。以前に見た時と比べて、吉崎さんのおっしゃる通りで、違う感じ方があり、感動もあったというのが正直なところです。

神戸 放送が終わった後に、「五味、なんで取材を受けたの?」と聞いたんです。絶対また炎上する。どんな気持ちだったのかなと思って聞いたら、「どんなことになっても、それは僕が受ける罰だから」。炎上するのは覚悟していたと言うのです。取材を受けること自体、家族も大変な負担なわけです。親友だからこそ撮れているんだけど、取材を受ける以上は非常に大きな覚悟がある。こっちも覚悟がないと取材できなかった。その切り結びみたいな番組なんです。だから、簡単な方向に行けなかった。すごく自分も苦しんでいました。

李　なかなか1回の視聴だと……難しかったです。

神戸　ややこしい番組でごめんね。

なぜ取材しようとしたのか

福元　私は、かなりきつかったです。救いがないと。あれは本人が意図せずに起こった事故ですね。でも事故で死んだ人がいる。「神は試練を越えられない人間には試練を与えない」みたいな話をする西洋人が出てくるんだけれども、納得できない。五味さんは、亡くなった人のところに墓参りに行きたいが、向こうも「やめてくれ、不測の事態がおきるから」と。その不測の事態を超えられるのかな……、どうしてもあの事故に遭った人の家族の心理が出てくるんですよね。それは五味さんもわかっていて「自分だけが回復することはできない」と多分思っていたんです。そこが苦しかったんです、ものすごく。

吉崎　わかります。最初1回目見た時は、私もそれがすごくあった。

福元　あれを拡大していくと、戦争状態になった時には罪のない人を殺したりすることだってあるわけです。そういう人間たちが自分の心の中をどういうふうに回復していくのかっていうのは……ちょっと違うかもしれないけれども。やっぱりあの傷は墓場まで持っていくしかないな。だから描けないということじゃなくて、描いたというのはドキュメンタリーとしては優れてるということだと思うんですよ。

吉崎　僕も、見直したのでちょっと冷静に見れたと思うんです。番組を「やろう」と神戸さんが思った、ということがすごい。そこに感動した。

福元　友人でなければできなかったですか。

神戸　一番初めに「やろう」とした時は、「五味を助けたい」とも思ったんです。番組で再生するチャンスをもたらせないかと当然思いました。ただ、そんな番組は甘っちょろいとも思いました。だから、どうしていいかわからない。でもとりあえず撮ろうという感じでした。

東　「とりあえず撮ろう」から始まった……。

神戸　そうです。事件から5年後、「今日福岡に来てる」と連絡があったのは夜12時で、五味がいるという店に駆けつけました。彼が毎日新聞時代に撮ったホスピスの写真集の出版披露が翌日にある、と聞きました。その時に「これを俺がやるしかないんじゃないか」と思うわけです。毎日新聞にいたら、五味のことをもう1回書くなんて、ありえない。朝日も読売も書くのはありえない。でも僕は今、放送局にいる。会社のくびきと関係ない。そして、福岡で目の前で再起を図らせたいと多くの人たちが願っていて、写真集の出版で後押ししようとしている。撮影のチャンスがまさに明日ある。そして、五味は親友だから、僕が取材を申し込んだら絶対に断れない。

金子　断れない、から言った……。

神戸　断れないってわかってて。残酷なんです。2時間もかけてずっと悩みながら、午前2時ごろに「俺が明日、カメラ持って行くって言ったら、受けるや？」と。その行為自体がとても残酷で苦しかったです。撮ってどうするかは別にして、この取材は俺にしかできないんだから、やるしかないだろう、と。

取材対象との距離感

金子　友人であったり、家族であったり、さっきの「話を聞く」というのが、関係が近いと照れが出たり、真剣に話が聞けないことがありそう。相手も多分事情をわかっていると思って話しちゃったりとか。そういう時はどうやって話を聞きました？

神戸　五味に敬語でつい質問したりしてしまって、向こうも敬語で返してきちゃって、「しまった、これはどうしよう」と。でも、敬語じゃないと距離感が近すぎるのかな、とも思ったり。番組の中で、距離感が離れたり、縮んだりするところがあるんです。僕はどういう立場で聞いていいいかがよくわからないでやってるから。「もっと冷たくいくべきなのか」とか。

李　最後のナレーションで、「五味」と呼びかけていたのが、すごく印象深かったです。「五味。大事なのは、『何を伝えるか』だよなあ。『誰のために伝えるか』だよなあ」。あれは、どういう気持ちで？

神戸　あれは、「もう一度、お前の写真が見たい」という呼びかけですよね。

李　ずっとドキュメンタリーを観ていて、最後に神戸さんが「おい、五味」って。親友に呼びかけていた、すごくそこが印象深かったです。

神戸　あれでいいのかどうかはわからないけど、他は浮かばなかった。

福元　私的になることでしか、突破口がない。

神戸　一人称以外の選択肢はなかった。である以上は、最後まで自分で責任を取らないといけない、と思ったんです。

吉崎　やっぱり、五味さんの写真がいいですよね。すごく温かいというのが伝わってくる。

神戸　事件を起こしただけの友達なら、撮ってないです。爆弾で傷ついた少年の手のアップを、新聞は載せた。あれを放送に出したかった。

吉崎　人の表情がみんないい。すごくいいカメラマンだったんだな、と。

神戸　あのすごい写真をもう一度、世に出してみたい。毎日新聞ではもう、五味の撮った写真は出さないんですよ。イラク戦争での写真は全部門外不出になっている。

金子　五味さんを描くにあたって、「この写真を見てどう思いますか」とジャーナリストに聞いたり、その辺りのバランスをどう意識したんですか？

神戸　一人称で、あまりに近い僕が「五味の写真はすごいでしょ？」という番組を作っても受け入れられないと思ったんです。客観的に写真を見ただけで「すごい」と言ってくれる人が欲しくて。写真を見たら、絶対にそう言うに違いないから。その場で彼らが何と言うかを撮りたかった。2人とも、「命」という話をし出したので、びっくりした。やっぱりそうだよな、と。ジャーナリストが登場したのを「ちょっと唐突だ」と言う人もいましたが。

臼井　「仕掛けたな」という感じ。説得力が増してくる。

中村哲医師を知らなかった

福元　『良心の実弾』について感想があれば。

金子　中村哲さんが亡くなったことで番組にされたと思うんですけど、亡くなった人からもう話は聞けない。番組にする難しさ、ペシャワール会の周りの方たちから証言をとるというのは、難しかったんじゃないのかな、と感じました。

臼井　いや、難しくはなかったです。私はちょうど30年前の今ごろ、アフガニスタンの中村哲医師の取材を日本メディアとして初めて行っているんです。すごく魅力的な方がいるので取材したいという思いで現地に行きました。そして、「中村哲」という唯一無二と言っていい存在に圧倒されて帰ってきた。1992年にまとめた番組は、そういう経緯だったんです。

唯一無二と一言で言っていますが、「こんな人物はいないな」と、打ちひしがれるというか。接した人じゃないとわからない部分があるんですけども、とにかく容易に表現できない人だったんですよ。打ちひしがれて帰ってきたというのはそういう意味です。

現地にはそれ以来行っていませんが、功績はご存じの通りで、私はずっとそれを見てきたわけです。現地取材の20日間ぐらいのお付き合いで、その後、中村医師がずっとブレていないことは、私自身わかっていた。亡くなられた時に、「中村哲の生き方はすごい」と心を揺さぶられている人があまりに多いことに驚きました。そこを解きほぐしたいというのが、番組のコンセプトでした。私は中村医師の「ベース」はわかっている。中村医師の親交ある人々もそれなりに知っている。それを踏まえて、誰に何を聞くべきか。過去に取材したアーカイブ映像に関しては、中村医師を捉えたかけがえのない映像の何を使うのか。足りないものは、現地取材を21年にわたって続けて来られた日本電波ニュース社にもお願いする。取材・構成の方向性はそれなりに整理されていて、後はどう掘っていくのかということでした。

先程のインタビューの話にもつながってきますけど、プロデューサーの自分と、河村聡という5年生の記者、2人で組んで、何をどう聞いていけば中村医師のリアルを浮き彫りにできるのか。人々の心を揺さぶる中村さんという人の本質は誰にどう聞けば分かるのか。ここを攻めた番組だった。見てもらった通り、「良心の実弾」はインタビュー集なんです。だから、難しいことをやっているという番組ではないです。

ただ、それぞれの現場は全身全霊をかけた大変な舞台になりました。福元さんにも河村記者が若い感性も踏まえてあらゆる角度からインタビューをしている。中村医師の親交のある人たちにそうしたことを連ねていったのがあの番組です。

神戸　臼井さんは面識がありますけど、若い河村ディレクターは面識がない。

臼井　驚いたことに、河村記者は中村哲医師を知らなかったんですよ。

神戸　ここにいる若手の皆さんと同じような立場。突然ベテランのプロデューサーから「こんなすごい人が亡くなった以上、番組にするしかない。お前がやれ」と言われてどうするか、という状況だったわけですよね。

臼井　自分は「中村哲像」を確固たるものとして30年も持ち続けている。だが、それは本当に正しいのか、それが共感されるものなのか。中村医師を知らなかった河村記者がどう感じるのか。どこに問題意識を持っているのか。非常に興味深かったんです。でも、不思議なことに、2人の間にそんなにブレがなく、割とすんなりと2人一緒に走っていった感じで、そこも面白かった。

福元　河村さんは、よく勉強しています。ペシャワール会報の合本を全部読んだんです。そのなかから「良心の実弾」という言葉を拾い出したんです。それだけじゃなくて、この合本の倍ぐらいの会報のバックナンバーがあるんですが、ほぼ全部目を通したんです。すんなりいったとおっしゃるけれども、やらされた若いディレクターが払った労力は、すごいです。取材を受ける側も、それを見ていて、やはりその熱意ですよ。本気でこの人たちはやる気があるとわかると、全面的に協力します。

中にはそれが全然ない人もいるんです。東京のテレビ局の人が、何も調べずに中村さんのインタビューに来て、「それでは先生は答えないですよ」と私が言って、超スピードでレクチャーして（私はペシャワール会の広報担当理事だったので）、それからインタビューを受けたことがありました。中には「何も知らない方が新鮮ですから」という人もいて、びっくりしました。

若いエネルギーと好奇心で、「あなたのことなら全部調べました」ぐらいの感じで来てくれると、話す方は全然違う。

金子　河村さんを選んだ理由は？

臼井　事件の時には各所の取材対応に大わらわで、取材を受けるペシャワール会では福元さんが中心となって、連日、記者会見を開いておられた。河村記者はペシャワール会の取材を事件直後から担当したのです。それがきっかけです。河村記者が中村医師やペシャワール会のことをしっかりと理解するようになって、「ドキュメンタリー化は、局としてマストだ。河村、一緒にやろうや」と。

吉崎　臼井さんは、最初に現地に取材に行ったわけですよね。

臼井　ひょんなことがきっかけです。福元さんが編集者として刊行された『ペシャワールにて』という中村医師の第一作を読んだ会社の先輩がいて、「君も読むとよい。この本にはあらゆることが書かれている」と言われました。読んでみると中村哲さんの普通ではない、独特な存在感を感じました。中村医師は、本の中で「現地での活動は、自分の満足を満たすためのものじゃない。情熱のはけ口ではないんだ」とおっしゃっている。これを読んで「この人はすごい人だな」と思い、会わせてもらって、取材を申し込むと「現地取材もＯＫ」という話になりました。本当に奇跡的な出会いですよ。

吉崎　「最初に行く」という勇気がすごい。

臼井　とにかく「会いたい」と思い、当時からペシャワール会の事務局の福元さんとかなりやり取りしました。

福元　中村さんは、あまりメディアに出ようとしなかった。とにかく「名誉はいらん。ノーベル平和賞、かえって仕事にならんようになるから要らん」と。

吉崎　今上映している日本電波ニュース社の谷津さんの映画『荒野に希望の灯をともす』も拝見させてもらったけれど、谷津さんも、中村さんの取材は難しい、と仰っていた。

臼井　難しいです。だから惹かれるんですよね。簡単に近づいちゃまずいという感じですよ。映画は、取材に21年をかけておられる。本当に素晴らしい作品ができていると思います。1回行ったぐらいで表現できる方ではないと思いました。中村医師は基本的にあんまりしゃべらないです。でもずっと会話していると、くだけてくるんです。ロングピースが好きな方で、タバコを吸うのにお付き合いしながらカメラをズーッと回しました。そしてようやく、現地での活動に関して「いま、裏切っちゃいかんもんね」みたいな温かく、わかりやすい言葉も少しずつポロポロと出てくる。それがまた魅力なんですよね。取材が難しいから魅力的なんです。

吉崎　今回、関係者の方にずっと聞いてますよね。友達の方や、当時一緒に現地で働いてた方の証言で、中村哲さんの人柄が分かった。それが、すごくうまく成功していて、よかったと思いました。

臼井　一番聞きたかった方には、家族が含まれています。中村さんはあまりに強い人だと思ったんです。福元さんがおっしゃった通り、「賞はいらん、名誉はいらん」。手を差し伸べるばかりで、完璧すぎるんですよ、私から見ると。でも「家庭では、家族の前ではどうだったんだろう」という好奇心があったんで、家族からは絶対聞きたかった。友人やペシャワール会の方々からは、長い付き合いの中で表に出てきていないいろいろな話があるに違いない、と思っていました。一つ一つ歩いていって聞いていこうと。長女の秋子さんの話は、衝撃的でした。中村医師が秋子さんに語っていた「見栄を張るなら、自分の中にだけ見栄を張りなさい」という言葉。すごいなーって。それを聞くことができただけでも成功だなと思ったインタビューでした。

メディアの中立性について

福元　諫早《いさはや》湾干拓問題の話をしてくれますか。漁業者と農業者の利害が複雑に対立するような問題に取り組む場合、それぞれの立場にある人たちに、話してもらわないと、問題は深まらないですよね。その辺のところをお話いただけますか。

吉崎　基本的には両方の意見を聞くってことですよね。だからそれを聞いた上で、見ている人がどう思うかっていうのを考えてもらう。そういう意味で言うと、全体の構造がわかるように、引いて見せるっていうのも僕らの一つの役割だと思います。

水俣病でも、チッソは水銀を垂れ流していたわけですけど、利益を上げるっていう企業の目標があって、そこに忠実に従えば、あれを回収して、ものすごい費用をかけて処理するより、垂れ流した方が儲かるわけです。金儲けをするという目標に対しては、あの行為は合っているわけです。チッソの工場で働いている人たちも、それぞれは一生懸命で、「会社のために」と信じて周りが見えなくなっていた部分があったと思うんです。

福元　利益優先のために。

吉崎　そうです。もちろん、人命より経済を優先したことは許されることではありません。だから、僕らの一つの役割としてはそれを引いた視点で全体像を見せるということが大事かなと。行政はこう、漁民はこう。農民はこう。この人はこう、そして全体を見たときに「えっ。こんなことになってるの?」って、「どう思いますか?」っていうのを見せるということです。

だから多分、両方必要なんですけど。ものすごく人に近づいて描くという部分と、引いて見せるっていう部分。「鳥の目と虫の目」と言ったりしますけど、両方必要でバランスだと思うんです。引いてばかりで、人に迫れていないとやっぱり伝えられるものもないと思う。ただ、近づきすぎると、逆に見えなくなることもあるし。

福元　原田さんも医者の中立性について語られてますよね。

吉崎　患者さんに近づきすぎだって、僕も言われたこともあったんですけど。ただ、原田先生がおっしゃる通り、やっぱり近づかないと見えないことがあるし、僕らテレビの制作者は近づかないと撮れないですからね。だからその部分と、でも、どこかで引いてる部分っていうか、客観的に見なきゃいけない部分。両方を持ち合わせてやっていかないといけないと思う。「心は熱く、頭はクールに」。

福元　メディアのいわゆる公平性と中立性ってことと、正義や良識の問題だとかあるわけですね。一方的にどちらかの立場に立って描いてしまうと、物事の本質が逆に見えてこない。一方のアジテーションやプロパガンダに過ぎないっていうこともあるわけですよね。

水俣病の場合は明らかにチッソっていう加害企業があって被害者の患者さんたちがいるからまだ描きやすいけれども、先ほどの諫早の問題なんかの場合には、やはり、漁業の人と農業をする人たちの間の利害の問題。そして実際に閉じたことによって起こる問題というのが完全に予測できるか……。

吉崎　状況としては、漁民対農民みたいに、マスコミでも扱われることが多くて、「なんかそれは違うだろう」っていう僕の思いがあって。

福元　その「なんか違うんじゃないか」っていうのは大事ですよね。それはどういうところから出てきますか？

吉崎　向かう相手がずらされてると思うんです。実際、裁判も、漁民の人は国を相手に「開門しろ」と裁判するし、農民も国を相手に「開門するな」という裁判をしています。だから本当は国を相手に闘わなきゃいけないんだけど、住民が農民と漁民で分断されて、結局、農民と漁民の横の争いみたいになってるんですよね。すると、本当の相手に向かう力が弱まるということになってる。

福元　本来の敵が。

吉崎　これは水俣病も一緒で、例えば、最初、裁判を患者さんたちが起こすって言ったときに、行政とかチッソは患者さんを切り崩すわけですよね。そして、患者さんが、裁判する人としない人で分裂するわけです。そうすると患者さん同士の対立みたいになってしまって、本当はチッソであったり国であったりと、闘わなきゃいけないんだけど。

福元　常套手段ですね。

臼井　権力の常套手段。

福元　どこでも起きてますよね。やっぱ線引きするっていうのは、常套手段としてありますよね。

金子　国や権力側はわかっているんですか。

神戸　頭のいい人たちですから。

吉崎　わかりませんが、なんかそういうマニュアルがあるんじゃないかっていうぐらいですね。

（第2部「座談会II」に続く）

第3章　それぞれの原点

ドキュメンタリーとインタビュー

臼井　賢一郎（九州朝日放送＝ＫＢＣ・プロデューサー）

切り結ぶ覚悟

自分のドキュメンタリーの原点を考えた場合、取材対象者とのインタビューの記憶に拠るところが大きいと考えている。

インタビューの対象者に会う前はいつも落ち着かず、憂鬱な気分になる。テーマの本質を聞き出すことは出来るのか。人間的な魅力や躍動感を引き出せるのだろうか。自問して現場に向かっていた。こんな思いを抱きつつ、毎度取材を重ねるうちに、インタビューは、自分自身をさらけ出さないと何一つ聞き出すことは出来ない。インタビューは命懸けで臨まないと表層的なものにとどまると思うようになった。

相手と一対一で「切り結び」、言葉を掴み取って考え抜き、次の一手を放つことを繰り返す。インタビューを終えると、高揚感と共にぐったりとなることが多かった。

インタビューでは、大まかな展開や話の内容の想定はする。ただ、その通りに終わる取材は面白くはない。予想もしていなかった言葉や事実の告白、所作にギクッとし、圧倒され、感動する。そうした取材がないとドキュメンタリーは構成できないのではないかとも思っている。

地方民放の記者は、ローカルを見る目と遠い世界を見る両方の目を持ち取材に臨むことが出来る。福岡を基点に、ローカルは無論、グローバル時代を反映したテーマの番組制作にも向かい、多くの人々と出会う。そして多くの人々とのインタビューで磨かれることになる。

元慰安婦との対話

私の切り結びの中で、アジアの慰安婦だった女性たちの取材は強い印象を残している。日本の戦後補償問題のひとつである慰安婦問題は、韓国で初めて「自分は慰安婦だった」と証言する女性が現れた１９９１年に問題が表面化したが、私は、翌年の春、福岡を訪れた３人の元慰安婦の女性を取材したのをきっかけにテレビとラジオのドキュメンタリーを制作した。＊

＊「汚辱の証言～朝鮮人従軍慰安婦の戦後」（１９９2年5月30日放送）

１９９1年8月、韓国人女性、金学順《キム・ハクスン》さんが「私は従軍慰安婦だった」と初めて名乗り出た。金さんは日本政府に賠償を求めて提訴したが、彼女の告白を受けて、同じように名乗り出る女性が相次いだ。韓国・大邱市に住む文玉珠《ムン・オクチュ》さん（当時68歳）は、日本軍の食堂に行けば金が稼げると騙されて旧ビルマに行き、慰安婦となった。有数の激戦地ビルマを潜った文さんは、犠牲の代償として貯めた軍事郵便貯金のことを片時も忘れたことは無かった。ソウルで小さな食堂を営む黄錦周《ファン・クムジュ》さん（当時74歳）は、勤労挺身隊として紡績工場の募集に応じたが騙されて旧満州で慰安婦となった。戦後46年、女性たちはなぜ、封印してきた自らの過去を明らかにしようと思ったのか。慰安婦となったことでどんな戦後を過ごしてきたのか。番組では彼女たちの語る言葉や生活を取材し、忘れ去られた日本の戦争責任を考えた。

問題は今も決着していない。日本政府は軍の関与を認めるが、個人への補償は1965年に締結された日韓請求権協定で解決済みとの立場で、1995年に民間の募金による基金で救済を図ろうとした。しかし、受け取らない女性たちが相次いだ。その後、2015年に慰安婦合意がなされたが、韓国側は政権が変わり、一方的に合意を骨抜きにし、事態は膠着している。この問題は、表面化直後から、日本軍の関与を強調し政府の責任を追及する立場と、単なる売春とみなし、政府の責任を否定する立場とが激しく対立した。

肝心の当事者である女性たちが置き去りにされているのではないか。女性たちは何を求めているのか。私の番組は、ひたすら女性たちの声に耳を傾けることだった。耳を傾けたといっても、穏やかなものではない。いつも重い時間が流れた。女性たちが経験したこと、女性たちの訴えは、当時の私にとって、正面から向き合うのに簡単ではなかった。それでも取材を進めたのは、あるインタビューに衝撃を受けたからだ。

問題が表面化したのは、ソウルの梨花女子大学の教授で支援団体の共同代表の尹貞玉《ユン・ジョンオク》さんが3年間にわたる独自調査を踏まえて訴え出たのがきっかけだった。尹さんは1992年春、日本各

ビルマで調査をしている尹貞玉さん・1996年

地で講演を開き、私は福岡県での講演を取材した。主催者の手配の都合で、講演が行われた田川市から宿泊先の福岡市まで私は自分の車で尹さんを送ることになり、車中で1時間あまり話しを伺うことが出来た。

　尹さんは品格と高潔さに溢れる方で、笑みを絶やさず、穏やかに語る。日本に対して感情的に糾弾するような姿勢は見せない。しかし、車中で尹さんが語った言葉はいかにも重たかった。

（臼井）「今、日本が何もしなければどうなると思いますか」

（尹さん）「元慰安婦を三度殺すことになります。一度目は戦時の酷い扱いで、一人の人間として死んだのです。二度目は46年間の歴史の中で忘れ去られていたことです。そして、今回、謝罪もなくこの事実を若い世代に伝えないとしたら三度目の死になるのです」

「接する態度を見るとその人の人格が分かります。日本がこれまで行ってきたことは人格を害したばかりか、自分の人格を失ったことになるのです。今この戦後処理をしないとこの荷物は次の世代に落ちてしまうのです」

非常にきつい言葉を投げかけられたと思った。日本人は慰安婦や強制連行で謝罪する。では何が悪いことなのか。人の人権を傷つけ、侵害し、蔑ろにしたことが悪いことである。尹さんは「人格」という言葉を通じて、明快に説いた。

この4年後、ミャンマー（当時のビルマ）に遺されている慰安所跡を調査する尹さんの同行取材を行った。慰安所跡の取材後、尹さんは、「私は今こんな場所に来ると一種の自責みたいなものを感じるのです。なぜならば私は元慰安婦と同じ世代だから。『あの時は連れていかれなくてよかった』と思ったけれども、今こんなところに来ると、私に罪があるような責任を感じるんです。（解決を）急がなくちゃいけないないと思いますね」と日本語で語り、大粒の涙をこぼした。尹さんからは人格、尊厳、誇り。こうした言葉の意味をどう考えるのかを教えられた。

激戦地を潜り抜けた元慰安婦との出会い

番組の中心人物は大邱市の文玉珠《ムン・オクチュ》さん（当時68歳）だった。文さんは18歳の時、日本軍の食堂に行けば金が稼げると騙されて激戦地ビルマに行き、慰安婦になった。

文さんが番組の中心となったのは、尹さんの説得で早い段階で取材が実現したことと、福岡市で証言を聞く会が開かれたからだ。証言を聞く会では、文さんが話を始めるにあたって、会場に張りつめた空気が漂った。多くの日本人の眼差しが集まる中、文さんは大きく息を吸い込みゆっくりと吐く。15秒位はあっただろうか。暫くの間があって話し始めた。

「私は慰安婦だった文玉珠と申します」

最初の一言に私はひとりの日本人として深い戸惑いを覚えた。名前を名乗るのに、隠してきた自分の過去を枕詞として添える思いとはどんなものなのか。慰安婦だった人生とどう折り合いをつけてきたのだろうか。

文さんは、証言を聞く会では、鮮やかなピンクのチマチョゴリを着ていた。文さんにインタビューすると、日本に行く前は友人たちに、年齢に相応の白か紺のチマチョゴリを着ていくように言われたという。しかし、文さんはそうせず、「自分は少女の頃日本人に連れていかれた。今はこんなに年を重ねたが、今も少女のままということを言いたかった」と静かに話した。

文さんの証言で印象に残ったのは、「自分は『日本人』として部隊と共に戦場を潜り抜けてきた軍属だ」という訴えだった。

文さんの記憶は鮮明だった。昭和17年秋、ビルマのラングーンに上陸後、マンダレーに北上、その後、西部のプロームからインド国境のアキャブへと激戦地を転々としながらタイのアユタヤに移動し、終戦を迎えたことを克明に語った。

文さんが所属したのは「タテ８４００部隊」。この部隊は、四国で集められた兵士で編成された第55師団の師団司令部のことで、防衛庁戦史室編纂の「戦史叢書」の関連文書には文さんが語る楯師団の転戦の様子が記されている。

また、福岡県久留米市に師団司令部が置かれた第18師団114連隊の元連隊副官は、ビルマ北部で中国国境に近いミートキーナでの激戦について私の取材に対して証言した。食事は1日におにぎり2個で、弾は1日に6発までの制限があったという。そんな状況でも防空壕の中に慰安所を設置していた。しかし、昭和19年8月4日に114連隊は玉砕し逃走。イラワジ川でバラバラとなり慰安婦はアメリカ軍の捕虜となったと証言した。

歌う文玉珠さん

証言を聞く会で文玉珠さんは、「『皇国臣民なり。一、わたくしは大日本帝国の国民となります』（日本語）と言わせておいて、今になって知らないふりをされたのが悔しくてここに来たのです」と声を強めた。自分は同じ日本人だった。そして、戦場で同胞である日本兵を支えた自負もあったという訴えだった。激戦地を転々とする厳しい境遇に置かれ、考え抜いた文さんの「現実主義」に戦争の酷烈な一面を見せつけられた。

文さんには、体に刻み込まれた戦地の「記憶」がほかにもあった。さらに、戦地の苦難を示す確かな「証拠」

もあった。
北九州市での集会の日は、文さんの誕生日で、実行委員会の有志の家でささやかな誕生パーティーが催された。用意されたケーキのろうそくの火を消すよう促されると、文さんは身をよじりながら、「自分の誕生日を祝ってもらったのは初めて」と話し、涙をこぼしながら何とか火を吹き消した。温かい空気に満たされる中、文さんが歌を披露することになったが、歌を聞いて、私も含めてその場にいた人たちは目を見張った。

（文玉珠さんの歌）「生まれ故郷～、何で忘れてなるもんか～、夕べも夢見てしみじみ泣いた～。そろそろ～お山の～雪さえ溶けて～、白いリンゴの花がちらほら、ああ～、咲いて～る～な～」

指でテーブルを軽く叩きながら調子を合わせ、よどみない日本語で朗々と歌いあげた。小林俊司カメラマンは、文さんの手元から顔へのアップへとゆっくりとレンズを動かす。渾身のカットを押さえている。
文さんによると、日々、軍人たちの機嫌を損なわないよう努力し、軍人たちの家族や故郷の話に耳を傾け、一緒に日本の歌を歌った。軍人が戦場から戻ってくると無事を祝ってよく宴会が開かれたという。呼ばれた文さんは、「博多夜船」や「博多節」などいくつもの日本の歌を覚えて歌ったが、この歌は文さんの故郷・大邱がリンゴの産地なので一番好きでよく歌った歌だった。

戦地の「証拠」とは、文さんがビルマで貯めた軍事郵便貯金のことである。

「私のお金を返して欲しい」

統括局だった山口県の下関郵便局に、当時の日本名「文原吉子」か「文原玉珠」という名義で保管されていると信じ、この時、下関を訪問した。文さんは「絶対にあるはずだ。解放の3か月前に5000円を送った」と忘れぬ記憶を話した。

数度の交渉で文さんの貯金原簿は、熊本貯金事務センターに「文原玉珠」名義で残っていることが分かり、現地で貯めた2万6145円が1965年までの利子と合わせて5万108円になっていることが説明された。郵便局側は原簿のコピーを示し、文さんの名義であることは認めた。しかし、1965年に締結された日韓請求権協定によって文さんの権利は消滅していると説明された。

(文玉珠さん)「このお金は自分の体とすべての犠牲のもと作られたお金です。日本人が貯めたお金を日本人が奪うのは勝手ですが、このお金だけは違うのです」

手を伸ばせば届くところにあった犠牲の代償であるささやかな貯金を手に出来ない不条理。国家と国家のはざまに取り残された個人という構図が残酷であった。文玉珠さんは戦争と日韓協定の二重の犠牲者でもあった。終戦からまもなく半世紀のこの時。真に恥ずべきは誰なのだろうかと考えさせられた。

未熟な取材記者を思いやる文玉珠さん

激戦地・ビルマの慰安所で生き抜いた文さんは、相手の気持ちを思いやる優しさと懐の深さに溢れた人だった。

そう思うのは、韓国・大邱市の文さんの家を訪ねた時のインタビューだった。

棚に飾られていた30年前の写真は、女性3人に男性2人が写っていた。二組の夫婦に独身の文さんの写真の中で文さんは、男性にしなだれかかり、あたかも夫婦のようであった。「友人に『あなたの夫の横で撮らせて』と頼んだ」と説明する文さんに、私は「仲の良い友達に夫がいて、文さんひとりでどんな気持ちでした?」と聞いた。まったくの愚問であった。

しかし、文さんは、出会ってから初めて見せる穏やかな笑みを湛えながら、「悲しいじ（よ）」と日本語で答えると、遠くを見つめた。

分かり切ったことを聞く私に対して、優しさを帯びた表情で接してくれた文玉珠さん。戦中戦後を生き抜いた一人の女性に教えられ学んだことは計り知れなかった。

それから4年後〜慰安婦の選択

最初の作品から4年後の1996年に制作した慰安婦を描いた続編のドキュメンタリーで、再訪した韓国と初めて訪問したフィリピンでの女性たちのインタビューも忘れることが出来ない。＊

＊「誇りの選択〜従軍慰安婦の51年〜」（1997年5月23日放送）

1992年放送の「汚辱の証言」の続編。慰安婦問題が明らかになって5年。日本政府に補償を求める女性たちに対して、補償はサンフランシスコ平和条約や日韓請求権協定などで解決済みで、新たに国家として個人補償を行わないという政府の立場は変わらなかった。そうした中、政府は道義的責任という観点から、国民の募金による「女性のためのアジア平和国民基金」を発足させ、解決を目指す。猛烈な反発が起きたが、女性たちの中から基金を受け取る意思を示す人も出てきた。4年前に取材した韓国の文玉珠さんと黄錦周さんは、受け取らない姿勢を貫く。一方、フィリピンの元慰安婦で、活動の支柱だったマリア・ロサ・ヘンソンさんは、活動を辞め、基金の受け取りを決めた。番組では人生の最期を迎え、生と死の狭間に生きている両者それぞれの「選択」を通じて、解決されない戦後補償を考えた。

これも私の原点

この時期、慰安婦への補償を巡って日本政府は、国による補償は解決済みとの立場から、募金による「女性のためのアジア平和国民基金」を発足させて、一人当たり200万円の償い金と総理のおわびの手紙を渡して、問題の解決を図ろうとしていた。

しかし、韓国の元慰安婦と支援団体を中心に、「軍の関与を認めながら国家賠償をしないのは日本の責任を曖昧にするもので、慰安婦の名誉回復にならない」として猛烈な反発があった。私は償い金と手紙を受け取らない人、受け取る人双方を取材し、問題の本質に迫りたいと制作を始めた。

ソウル郊外のアパートに住む黄錦周《ファン・クムジュ》さん（当時74歳）は、19歳の時、勤労挺身隊として紡績工場の募集に応じたが、騙されて旧満州に行き、慰安婦にさせられたという。私が黄さんに出会ったのは、1992年2月の福岡市での集会だった。

黄さんは性格的に気持ちを前面に出す人で、集会でも演台を何度も叩きながら激しい口調で自身の経験と日本への糾弾を語った。慰安婦問題が表面化した直後の時期であり、会場全体が張りつめた重苦しい雰囲気に包まれた。

一方で、黄さんは気風の良さがあり、力強く生きようとする姿勢が印象的だった。当時、ソウルの街中で、スンドゥブチゲを提供する小さな小さな食堂を営んでいた黄さんは、朝の5時から夜中の1時まで働き尽くめの毎日を過ごしていた。お店の中にある一部屋が居住空間であり、お店と共に生きていた。

店を訪ねてのインタビューでは、自分の生涯について一転して率直な思いを語ってくれた。

（黄錦周さん）「こんな生活はもうしたくない。空気が悪いし人が嫌い。静かなところに行って花をたくさん咲かせて、写真をたくさん撮るのが私の願い。他に願いはない。お年寄りと一緒に笑いながら暮らしたい。食堂の仕事はしたくない。25年も続けたから水を見るのもいや。毎日料理を作っているから少しぐらい食事をしなくても大丈夫よ。とにかく何も考えずに眠りたい」

そして、ため息をつくと、「私は生まれる国を間違えたと思う。きっと生まれる国を間違えたと思うわ」と語った。

黄さんをもう一度訪ねようと思ったのは、彼女が基金をどう考えているのか。何よりも、その人間性に魅かれた黄さんが、「慰安婦だった」と名乗り出ての4年間は、生きる癒しになっているのかを確かめたかったからだった。インタビューはいきなり険しい雰囲気となった。基金への反発、日本政府への批判が止まらず、「ここに『ヒロヒトの息子』を連れてきて謝ってもらいたい」などと繰り返した。いろんな角度から質問を重ねたが、一方的に話すばかりで瞬く間に半日が過ぎた。すると、黄さんは突然、服を脱ぎ、カメラの前で上半身裸となった。そして、慰安婦の経験がもとで受けた手術の痕を見せて、「19歳に戻してくれ！　そしたら黙っておるんだ。私も嫁に行ってね。子供も生まれて、夫を抱いてみたい」と日本語で話した。とても重い話なのだが、私は確かな手ごたえを感じられず、心の内を何も聞き出せていないと落ち込んでしまった。慰安婦問題はむしろ深刻化していることを思い知らされた。

私も樋口勝史カメラマンも黄さんの話を聞くことに心身とも疲れてしまい、一旦辞去し、翌日もう一度訪れることにした。しかし、翌日も黄さんの様子に変わることは無かった。日程に制限があるため悩んだが、他の取材を終え、もう一度だけ黄さんを訪問することにした。

3度目の訪問で黄さんは、私たちにカニのチゲ鍋をふるまってくれることになった。かつて毎日通った市場を歩く黄さんは生き生きとしていて気風の良いハルモニの姿であった。お喋りが好きな黄さんは、食事の準備中も話し続け、前回の訪問より打ち解けてきた様子が感じられた。そして、皆で食事を始めた。私は樋口カメラマンと状況に応じて撮影に切り替えることを申し合わせ、食事を共にした。これまでとは何か違うという感触で食事をしながら会話を重ねていると、突然、黄さんがぽつりと語り始めた。


（黄錦周さん）「こんなに人がいて嬉しいですよ。みんなでこうして食べていると本当に『生きている』と実感します。ひとりだったらいつも正面の壁しか見えないから。みんながいるからあれもこれも作ったよ。あの話、この話をおいしいとかまずいとか言いながら過ごせるのはどれ程嬉しいことでしょう。（日本語で）外が見えた。壁が見えた。ご飯を見て、誰も話す人いない。もう残して食べない。本当にいいですよ。生きているみたいですよ。（※お茶を注いでくれながら）でも、みんなを送ると寂しいね……。こら！　早く！　撮影を止めて食べましょう」

このシーンは私自身も撮影対象となっている。対話を重ねて待った取材であった。待って、待って、耳を澄ませて、黄さんの心の奥にある懊悩、人間的な優しさに触れることになった。対話が素材そのものなのだ。慰安婦として生きたことで何が得られなかったのかを見た思いがした。この後、黄さんは私たちを見送る際、突然、両手で顔を覆い泣き始めた。黄さんのことを気性の強い、気風の良いなどという私の勝手な思い込みは打ち砕かれ、前回までのインタビューとはかけ離れた様子に驚き、切ない思いが溢れてきた。私は車の窓越しから「ハルモニ〜。また来ますから」と思わず叫んでいた。黄さんは日本語で「頼みますよ〜」と返した。黄さんは車が見えなくなるまで手を振り続けた。暗闇に照らすライトがかすかに映し出した小柄な黄さんの姿に、私は涙を止めることが出来なかった。

ヘンソンさんの崇高な人生

フィリピンの元慰安婦のマリア・ロサ・ヘンソンさんと（当時68歳）と長女のロサリオ・ヘンソンさん（当時45歳）とのインタビューもかけがえのない時間であった。

マニラ首都圏パサイ市のスラム街に住んでいたヘンソンさんは、戦時中、薪を拾っていた時、日本兵に暴行を受けてそのまま慰安婦にさせられたという。フィリピンで最初に名乗り出た元慰安婦で、運動の支柱となる存在だった。フィリピンでも、アジア平和国民基金と総理のおわびの手紙を受け取るのか、受け取らないのかで真っ二つに分かれた。運動の中心にいたヘンソンさんが受け取ることに猛烈な非難があったが、ヘンソンさんは受け取りを決めた。伝達式はマニラの日本大使館で催され、ヘンソンは晴れやかな表情で償い金の目録と手紙を大使から受け取った。

私がインタビューしたのはその翌日で、ヘンソンさんは棚から当時の橋本龍太郎総理からのおわびの手紙を大事そうに取り出した。手紙は奉書に墨で書かれた手書きのもので、「我々は過去の重みからも未来への責任からも逃れることは出来ません。～末筆ながら、皆さまの人生が安らかなものであることを祈ります」と日本語で記されていた。

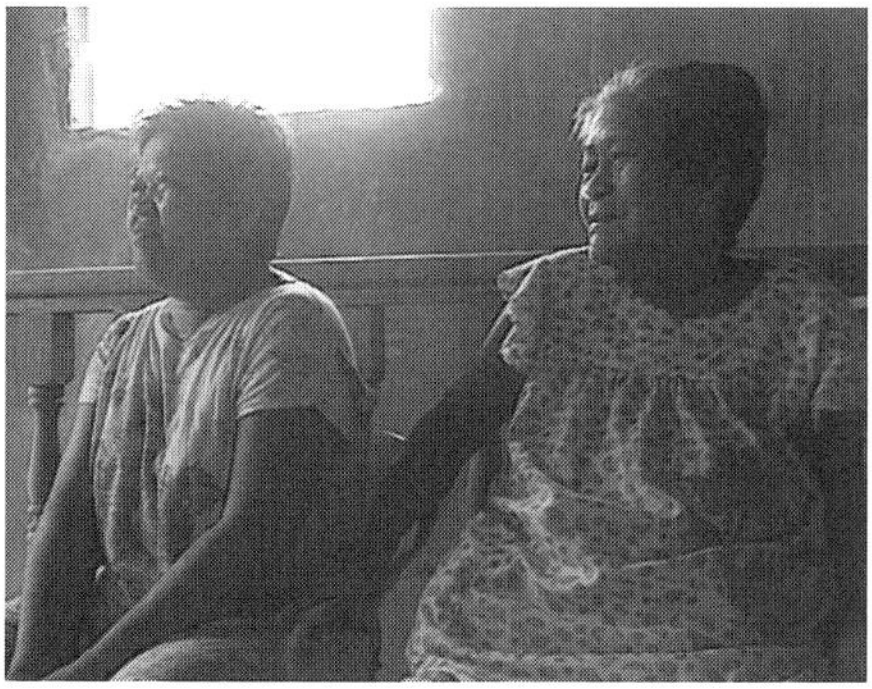
ヘンソンさん（右）と長女・ロサリオさん

手紙はヘンソンさんが広げると長さ1メートル30センチくらいはあった。ヘンソンさんはくつろいだ穏やかな表情でひとことひとことゆっくりと語った。

（ヘンソンさん）「手紙は昨晩も何回も読んだし、けさも読みましたよ。なぜならばとてもうれしいから。手紙について様々な議論があったことを知っています。でも橋本総理からの手紙であることに意味があります。とても重要なのです。日本人の気持ちを彼が代弁しているのです。私は自分の人生を生きようと思います。私を凌辱した日本人は憎いけれど、とうの昔に許しています。だからもうこれでおしまい。争うのはもう嫌です。もういいのです。休みたいです。『心の平安』が欲しいのです」

ヘンソンさんの話を聞き、続く質問はもう何もなかった。

名乗り出て4年。やり切った晴れやかな在り様と「ピース・オブ・マインド」と静かに語る姿に、己の人生を生き切った人の奥の深さ、心の豊かさといったものに心打たれた。ヘンソンさんに心からのリスペクトの思いしかわかなかった。

長女のロサリオさんは底抜けに明るい性格で、周囲の雰囲気を作ってくれたが、母親の話を傍らで聞いていた時は、優しく笑みを湛えながら静かに頷いていた。

「お母さんはいつも運動を頑張っていたよ。どんなつらい時でも親戚にも頼らず自分の力で頑張ったわ。彼女は安らぎが欲しいの。心の平安を与えて欲しいの」と母親と同じことを繰り返した。家族愛に溢れ、全く裕福ではないが支え合ってきた信頼と愛が美しかった。

インタビューを続けていると、ロサリオさんは、「(償い金をもらったので)これでハンバーガーも食べられる。みんなでマクドナルドに行くんだ！　ジョリビーにもウェンディーズにも行けるんだ！」と語り、「ジョリビー～ジョリビー～」と歌いだした。

すると、ヘンソンさんは「人生の終わりを家族だけとすごしたいな」と笑った。

家族の収入は、ヘンソンさんが34年間務めたタバコ屋の年金、月1万2000円とロサリオさんのわずかな収入だけだった。

この1年後、ヘンソンさんは逝った。

200万円の償い金はスラム街で貧しい生活を続ける人々にすべてを配ったと、後に聞いた。悪いことがあって、悪いことが続いて、最後の最後に、短いけれどもちょっとだけいいことがあった。鮮やかな、そして誇り高きヘンソンさんの生き方に、今思い出しても胸が熱くなる。

文玉珠さんの最期を取材して

「誇りの選択」では、前作の「汚辱の証言」で中心的に描いた文玉珠さん（当時72）を大邱市に再訪した。1996年2月末、私は4年ぶりに会った文さんがめっきりと年老いたことに驚かされた。慰安婦として過ごしたビルマで痛めたという足腰の状態が急激に悪くなり、歩行にも難儀をする状態になっていた。

文さんは、支援者や私たち取材陣の前で、気を配ることを忘れず、優しい笑顔を見せることも多かったが、4年ぶりの文さんには確かな反応というのか、生気が失われていたことに衝撃を受けた。インタビューをしていても、答え終わると急に険しい表情に変わってしまうことも気になった。

生活に変化があったのは、近所に住む朴在天《パク・ジェチョン》さん（当時72歳）が寄り添っていることだった。朴さんは10年前に妻を亡くし、老人たちが集う集会所で文さんと出会った。一緒に街へ出かけ、一緒に食事をし、これまでにない慰めを文さんに与えているようだった。

私は、黄錦周さんへの質問と同じく、自分が慰安婦だったという戦時中の苦しい経験を告白したことがよかったと思うのかを文さんと朴さんにも聞いた。

（文玉珠さん）「良かったとも思わないし、恨めしくもない。過ぎ去った私の過去がそんなものであったということだけですよ。結果もない。ただ、寂しいだけですよ」

（朴在天さん）「もう過ぎてしまったことだけど、悩むなら悩みなさい、死ぬまで生きていきなさいと話しているのです。気持ちは以前と同じでしっかりしているが、思う通りにいかないから、最近はあきらめの気持ちが見えます」

文さんにアジア平和国民基金の受け取りについて聞くと、「受け取らない」ときっぱりと答えた。4年前に集会や取材で話した激戦地・ビルマでの体験の記憶を再び示しながら、日本の曖昧な姿勢に静かな怒りを見せた。

（文さん）「慰安所では、暴れる人も多かった。久しぶりの休息で、女性とずっと一緒にいたいけど、それさえできずにとても悔しくていらいらする気分だったのでしょう。『（戦争では）こんなことも起きてしまうんだ』ということを私は理解していました。そんな私たちの気持ちを日本も知っているはずなのに、私たちのことを最後まで避けようとするからあまりにも悔しいのです。本当に人間とは言えない扱いだったのですから」

この取材から7か月後、１９９６年10月の週末、支援団体の人を通じて文さんが亡くなったとの連絡を受けた。尿毒症に伴う心不全で急死したという連絡だった。私は取るものも取り敢えず、韓国・大邱市に向かった。カメラはテレビ朝日ソウル支局に無理を言って手配をお願いした。葬儀には何とか間に合いお別れを言うことが出来たのは救いだった。文さんは大邱市郊外の山中の墓に埋葬された。埋葬の時、秋晴れのまぶしい陽光が降りそそぎ、柔らかな風が吹いていた。

文さんに最初に出会った時、向けられたカメラを避けるように語る姿、証言集会でピンクのチマチョゴリを着て決然と語る姿、激戦地を潜る中で覚えた日本の歌を歌う姿、優しく気を遣ってくれる時の笑顔が次々に思い出された。

文さんは１９９１年暮れ、慰安婦として名乗り出るのか悩んでいた時、知人から「これは歴史なのだから、あなたが恥ずかしがることはない」と説得され、それを真正面に受けて最期の時を生きてきた。

償い金も、犠牲の代償として自ら貯めた貯金も、そして、日本の真の謝罪も受け取ることなく、歴史の渦に翻弄されながら文玉珠さんは生き抜いた。

「生きること」の意味を問う

ドキュメンタリー制作の原点をもう少し考えたい。それはやはり、ニュース制作の現場に向かう。昭和から平成に変わって間もない平成元年2月、KBC報道局(当時)では「新生KBCニュースを作るにあたって」という議題でニュース改革に関する局会が開催された。

テレビが踏襲してきた情報収集、伝達方法の概念を一旦解き放ち、ローカリティーに徹しながら改革を目指すというものだった。当時、全盛期のテレビ朝日「ニュースステーション」を引き合いに、「確かに時代の先駆的役割を果たしている。しかし、逆説めくが、所詮、どうあがこうとも東京から抜け出ることは出来ない」とかなり刺激的でもあった。

九州放送映像祭の立ち上げメンバーの1人でもある当時の細川健彦報道部長（元代表取締役副社長）が提唱した方針で、通底するテーマは「生きる」というワードだった。

常に、生きることの意味を問うニュース作りを目指す。生きると言ってもヒューマンな切り口、企画ものと言った狭い捉え方ではない。人が生活していることから生ずる政治・経済・文化・その他森羅万象あらゆる社会現象を、同じ時代に生きている人間として捉える。心の眼を通して、可能な限り一次情報のレベルまで下げる方向を目指す。「広く浅く」から「狭いがしかし深い」スタンスに変革したいという説明であった。

主戦である夕方のニュース番組のタイトルは「ハーツトゥハーツ」。およそニュース番組に似つかわしくないものだった。

この時、私は入社2年目で方針を完全に理解することは出来なかった。

番組構成の肝は、5分から8分程度のVTRを毎日、2ネタ放送するもので、1週間から10日に1本のペースでVTR制作が回ってきた。デイリーの取材をしながら、企画の制作に追われる毎日は、大変タフな時間ではあったが、制作者の基礎はこの時期に叩きこまれたと思っている。テレビジャーナリズムやドキュメンタリーの考え方の基本もまずここで構築されたと思っている。

以来「生きる」は、私の心底にある。

「生きる」の実践は、地域のニュースを基点に「狭いがしかし深い」を肝に銘じ、可能な限り企画やキャンペーンを展開し、最終的にドキュメンタリーに繋げることである。私は報道部長を7年間担当し、制作統括やプロデューサーを担う中で、日々、この「原点」を基点に多くの教えをもらった。数々の「生きる」から2つを紹介させて頂く。

「もう一度抱きしめたい」

2006年8月の夜、福岡市東区の海の中道大橋で、昆虫採集から帰る途中の夫婦と子供3人の家族5人が乗った車が、飲酒運転の車に追突されて海中に転落し、3人の幼いきょうだいが亡くなった。事故の悲しみの深さが全国に衝撃を与えたことは記憶に新しい。この事故を受けて、飲酒運転を追放する機運が一気に高まった。

ＫＢＣでは、事故後、新人記者のある行動から夫婦の密着取材が許された。

このニュースもローカルニュースのＫＢＣニュースピアの特集からテレビ朝日報道ステーションの特集枠に展開し、最終的にドキュメンタリーとして放送＊した。

＊「もう一度抱きしめたい～福岡3兄妹死亡飲酒事故」（２００７年12月9日放送）
２００６年8月、福岡市東区の海の中道大橋で、一家5人の乗る車が飲酒運転の車に追突され、幼い3兄妹の命が一度に奪われた。事故から間もなく、3兄妹の夫婦は新しい命を授かった。事故の後、精神的にも肉体的にも限界の状態で毎日を過ごしていた2人が出産を決意した理由は、「もう一度わが子を抱きたい」という純粋な思いだった。4人目のわが子を胸に抱いた瞬間、ただ、ひたすらに涙を流し続けた夫婦。番組では目の前で最愛の子供たちを奪われた2人が出産に至るまでの葛藤と生きる姿を見つめた。（テレビ朝日系列テレメンタリー２００７年度最優秀賞受賞）

取材を行ったのは新人の板谷和樹記者で、事故から1か月という節目が過ぎ、各マスコミが夫婦の取材を行わなくなるところから、「事実上」の取材が始まった。

板谷記者も事故直後から夫婦の自宅を訪れて取材をしていたが、悲しみの中にある夫婦を取材することに疑問を覚えていた。無論、取材に制限もあった。そして、事故から１か月。１か月という節目が過ぎると、各マスコミは一気に姿を消した。しかし、板谷記者は、「1か月にわたる無礼を働いたお詫び」という思いから夫婦をその後も毎日訪問していた。

板谷記者は夫婦ととりとめのない会話を重ねる中で、彼らとしても、メディアを通して伝えたい思いがあることが徐々に見えてきたという。しかし、「テレビにはどんな風に放送されるかわからない怖さがある」というのが彼らの本音で、「そうであれば自分が責任と愛を持って放送するから信じて欲しい」と話したという。

そうした中、夫婦が新たに女の子の命を授かったことを聞かされ、板谷記者は出産に至るまでを独占的に取材することになった。

出産は事故から1年後のことであった。

私は取材状況の説明を受けた時、夫婦の現実に驚いたのは勿論だが、板谷記者が夫婦との付き合いを「私」の立場で重ね、完璧ということはないにしても、深い相互理解に至っていることにもっと驚いた。

誰にも突如訪れる「喪失」という重い現実。

人間はこの時間をどう生きるのか。生命の輝きや尊さという普遍的なテーマをどう見つめるのか。夫婦の歩みはあまりに考えさせられるものが多く、私は何としても多くの人に見てもらいたいと思った。

報道ステーションで特集として放送された出産シーンまでの記録は大変な反響を呼ぶことになったが、賛否は割れた。

「命の尊さを伝えようとした夫婦に頭が下がる」「一緒に泣いた。感動の一言では言い表せない」など、強い感動を覚えた視聴者が多数いる一方、「この話は個人的なもので、ニュースとして放送する必要があるのか」など否定的な意見もかなりあった。ただ、反響が大きいということは、視聴者がニュースをストレートに受け止め、自分の立場に置き換えて真剣に考えてくれた結果である。放送をさせてもらったことに、夫婦には今でも心からの感謝の思いを持っている。「寄り添う取材」という、言うは易く行うは難しい私たちの課題がある。この取材はかなり本質的であったのではないかとも考えている。板谷記者と夫婦の付き合いは事故から16年経った今も続いている。

災害被害者に寄り添う

２０１７年7月に福岡県朝倉市などを集中的に襲った九州豪雨の災害は、41人の死者・不明者が出る惨事となった。自身も災害に巻き込まれる寸前だった新人の石田大我記者は、当時、入社わずか3か月だった。現地を歩き、被害の惨状を伝える中、梨農家の渕上洋さん（当時65歳）と出会う。倒壊家屋の凄まじさに立ち竦んでいたところに、家主の渕上さんが現れ、家具の搬出作業を手伝った帰り際、「兄ちゃん。手伝ってくれたけん、一言だけならいいよ」とインタビューに応じてもらった。これがきっかけだった。

渕上さんは、自宅にいた妻の麗子さん（当時63歳）、一人娘の由香理さん（当時26歳）、2歳の誕生日を目前に控えていた孫の友哉ちゃんを亡くした。由香理さんは2人目の子どもを授かり、出産のため実家に里帰りしていた。災害発生時、渕上さんは自宅から離れた梨農園で作業をしており、自宅に戻ろうとするも、川の氾濫で帰り道にある橋が崩落し、辿り着くことが出来なかった。

石田記者は家族を一度に3人も失った人に話を聞くことに恐怖を覚えたという。ただ、いつか心の内を話して欲しいと思い、渕上さんに通い続けることを決めた。当時、石田記者は私に「とても気になる魅かれる方がいます。でも一言も話してくれません」と説明していた。後で聞くと、しつこく訪れる石田記者に対して、渕上さんは嫌な顔をすることは無く、「すまんけど今は答えられん」と繰り返し、帰り際に毎回、大きな梨を渡してくれたそうだ。

そして、災害から3か月。渕上さんは初めてカメラの前で話をする。

(渕上さん)「家に帰るとは夜の7時か8時よ。どうかすれば9時、10時になるとよ。毎日が。朝は6時からよ。毎日！　毎日が!!」

(石田)「そんなに働いて体を壊されないですか？」

(渕上さん)「壊れとらんやん。まいーにち！　仕事に来とる！」

(石田)「家でゆっくりすることはないんですか？」

(渕上さん)「ない。そんなことしたら落ち着かない。だから農園に行くとよ！　田畑もやられて家も流されて、結局、なんもないとたい……。おおごつ（大事）ね」

（石田）「はい？」

（渕上さん）「テレビの特集組むか？（笑）というくらいお前がここに来るけたい（笑）お前がまた来たかっちいうくらいに来る」

渕上さんは、落胆を振り払うように仕事をしていた。怒っているような口調も見せ、感情が複雑に交錯しているようだった。その一方で、石田記者に優しく気を配る。心を打たれる場面であった。

この1か月後、畑の前での会話のシーン。

（石田）「今何を育てているのですか？」

（渕上さん）「白菜と大根とジャガイモ」

（石田）「どれが白菜ですか？」

（渕上さん）「（首を傾げながらも満面の笑み）お前は白菜も知らんとか?!（笑）これ！　葉っぱが広いやつ！　これがジャガイモ。一番向こうが大根！」

とりとめのない会話が交わされるが、個人的にとても好きな素晴らしいシーンである。ここでも「寄り添う報道」とはどういう報道なのかを考えてしまう。

人生経験の浅い石田記者が、想像を絶する悲しみの中にいる65歳の渕上さんと言葉を交わす。

石田記者はひたすら耳を澄ます。渕上さんは若さに半ば呆れながらも、その実直さに心を開くようになる。記者との対話を重ねる中で、渕上さんにとっても僅かではあるが、自分を確かめる、或いは取り戻す契機になっているのではないか。取材を見ながらそんな想像を働かせていた。

番組のタイトルは「それでも生きていく」というストレートなタイトル＊だ。

＊「それでも生きていく」（２０１９年4月26日放送）

２０１７年７月５日に九州北部を襲った線状降水帯を伴った豪雨災害は、福岡県と大分県で死者37人、行方不明者４人という犠牲を出した。この災害で、福岡県朝倉市の梨農家の渕上洋さん（当時65歳）は妻、娘、孫の最愛の家族３人を一度に失った。渕上さんは災害後、黙々と仕事を続けることで家族を失った悲しみを紛らわそうとしていた。取材記者は、渕上さんとの対話を重ねて渕上さんの心のうちに迫ろうとする。最初は記者のインタビューを拒んでいた渕上さんは徐々に質問に答えるようになる。悲しみと向き合いながらも前に進む渕上さんの2年間を追う中で、人間が生きることの意味を考えた。

渕上さんの言葉と佇まい、渕上さんと石田記者の関係性を見て、タイトルに迷いはなかった。平成の時代に相次いだ災害は、夥しい犠牲者を生んだ。合わせて、突然の喪失に悲しみに暮れる家族や知人たちを生んだ。それは犠牲者の数を遥かに上回る。

「時の流れは人の心の傷を癒してくれるのか」が番組に通底する問いかけであった。それから渕上さんは、石田記者の前で心の内面を直接的に見せるようになる。

（渕上さん）「3か月たってもいっちょん変わらん。ふっと3人が出てくると。仕事しよってもよ。トラクターに乗っとっても、そこに止めてワンワン泣く。ひとつ悔しかったのは娘を守ることができんかったこと。小さい時から『父さんが絶対に守る』っち。ケンカの仕方まで教えてね。『心配するな』っち。こげな悔しかことはない。これが一番。もう涙が出てくる」

災害発生から1年後の追悼式典で渕上さんは、遺族代表として追悼の辞のスピーチをすることになった。式典に先立った取材で、渕上さんは「本当は遺族の代表を務めたくなかった」と語った。追悼の辞を聞いて、追悼の思いは自分だけのものとしておきたかったのではなかろうかとも思った。

（渕上さん）「もし、自宅に戻っていたら、避難させることが出来たのではないかと自分自身に問いかけます。今は仕事に集中するように何も考えないように心がけていますが、ふと思い出すと涙が止まりません。幸いにして母がいます。頑張らなきゃという気持ちになります。今くじけたら娘から『お父さん。何しよっとね。由香理の分まで頑張って』と叱られそうです。それと娘の主人がいます。一人娘のだんなです。私の大事な息子です。息子の心が癒えて、第二の人生ができるまで私の大事な息子です」

これはかなり長いシーンとなっている。追悼の挨拶の終わりに出てくる義理の息子さんは、インタビュー取材には応じてもらえなかった。堀武士カメラマンは渕上さんのこの言葉を聞き、静かに涙を流す義理の息子さんの横顔をしっかりと捉えていた。

「それでも生きていく」の主題につながるひとつの描写だったと思っている。

28歳で書いた『雲仙記者日記』

神戸　金史（ＲＫＢ毎日放送・記者）

「記者人生を決める出来事」とは

長崎県雲仙・普賢岳噴火で大火砕流が発生し、43人が犠牲になったのは１９９１年6月3日だった。毎日新聞に入社して研修を終え、長崎支局に着任してからひと月半しか経っていなかった。独りでは何もできない新米記者が、いきなり大災害の渦中に放り込まれた。翌年からは現地に住み込んで、３年間を島原市民の１人として暮らした。

24歳で記者になってからの4年間をまとめた記録が、『雲仙記者日記　島原前線本部で普賢岳と暮らした１５００日』（95年、ジャストシステム社刊）だ。執筆当時28歳だった私はあまり体裁を考えず、見たものをそのまま書いてみた。筆致は若く、空回り気味の熱意や背伸びが痛々しい。ある時期から気恥ずかしくなり読み返すことはなくなったが、今では「この本が残っているのは、幸運なことではないか」と思うようになった。記憶は少しずつ美化されていき、年配者が語る「若いころのエピソード」は自慢話になりがちで、鼻もちならない。だがこの本を開けば、等身大のリアル20代の私が冷凍保存されている。

社会人になって30年が過ぎた2021年、コンテンツ配信用のプラットフォーム「note」上で、この絶版本の全文を『雲仙記者青春記』と改題してネット公開した。記者志望の学生や若い記者に、同世代の若い記者の体験を読んでもらえたら、と思ったからだ。

入社したてのころ、先輩記者から言われた「最初に出会った大きな出来事が、君のその後の記者生活を決めるよ」という言葉は、今でもはっきり覚えている。それは、放送でも変わらないはずだ。報道記者でも、番組のディレクターでも。私にとっては、雲仙・普賢岳災害だと思った。

６・３大火砕流が起きた日。長崎市から自家用車で急行し、毎日新聞の島原通信部に駆け込んだ私は、「遅くなりました、何をすればいいですか？」と先輩記者に息せき切って聞いた。先輩は１枚の紙を私に手渡し、「病院や警察を回って、負傷者の中からこの３人を探せ。仕事はしなくていい」と言った。メモには、「ＣＡＭＥＲＡ・石津　車両・斉藤　伝送・笠井」とあった。取材中の毎日新聞社員３人の行方が分からなくなっていた。

５月末に初めて島原に出張し、長崎市に戻ったばかりだった。ヤマを見つめて張り番をしていたマスコミの取材ポイント（「定点」と呼ばれていた）は、高温の火砕流に呑み込まれていた。犠牲者43人のうち、報道関係者は20人に達していた。僕が今も生きているのは、「たまたまその日、その時間に、そこにいなかったから」だけが理由だ。

メディアは猛烈な批判にさらされた。「避難が勧告され無人となった民家で、取材陣が勝手に充電していた」「マスコミを見張る必要があり、消防団は避難勧告区域に入った」「過熱報道の巻き添えだ」

一部はその通りなのだが、すべてが的を射た批判とも言えない。そして30年が経った今、6月3日が近づくと毎年ネット上で拡散される「マスコミの非道ぶり」には、かなりの誇張やデマが混じっている。それを詳しく取り上げる紙幅はない。問題は、災害を報じるはずのメディアが、報道される側となり、批判される「当事者」になってしまったことだ。

雲仙災害では、メディアのあり方が問われた。

大火砕流直前の過熱報道。〝特落ち〟を恐れての横並び。規制当局と「報道の自由」との相克。災害対策基本法で立ち入り禁止とされた「警戒区域」を前に、どんな報道が可能なのか？　犠牲者が出た後の、既存メディアの過剰な後退ぶり。フリーのジャーナリストは、法を破ってでも警戒区域内を取材し、報道した。災対法違反で書類送検する警察。再びの、規制と自由の相克。それを特ダネとしてスクープする既存メディア――。

異例の長期災害となる中、現地で取材している各社の記者は、一過性とならない報道を模索した。それは、この災害で様々な問題があぶり出されたメディアの責務だと思った。

だが、被災地の窮状を書いても、西部本社版では1面か社会面のトップなのに、東京本社発行の新聞にはほぼ載らない。「だから早く東京に異動したい」とは思わなかった。中央に届かない悔しい思いは、被災者の思いとほとんど同じだったからだ。異例の長期災害となった島原の窮状を「何としても伝えなければ」という思いは、私だけでなく、毎日新聞西部本社にはすごく強かった。３人も犠牲になっていたのだから。デスクは私の尻を叩いた。『毎日、変化が何もないからニュースがない』じゃない。避難して何もできない日々が2年も3年も続いていることが異常なんだ。異常がニュースじゃないのか。避難者が１万人いるなら、１万回の連載が書けるはずだ。それが東京には書けないニュースなんだ」

取材前線本部の2階に寝泊まりした3年間は、自分に標準語を禁止し、生活や取材のすべてをにわか仕立ての島原弁で通した。「せっかく東京の大学を出たのに、こんな田舎で火山灰を浴びているなんて」と憐れんだ人たちから、本当にかわいがってもらった。95年、噴火の終息まで見届けてから福岡に異動となった時、島原はほとんど「第二の故郷」のようになっていた。

雲仙・普賢岳噴火災害　１９９０～95年

長崎県島原半島の「雲仙岳」は複合火山。構成火山の一つ・普賢岳は１９９０年11月に噴火した。当初は「江戸時代以来１９７年ぶりの噴火」と言われたが、溶岩噴出量はけた違いで、５年間の噴火活動で「平成新山」が誕生。普賢岳としては、４０００年ぶりの造山活動となった（江戸時代の噴火は、今では平成の噴火の前兆現象と位置づけられている）。

今回の噴火では、91年5月に山頂に「溶岩ドーム」が出現し、火砕流を引き起こすようになった。６月３日の大火砕流で43人が死亡した。うち20人は取材中の報道陣（チャーターしていたタクシーの運転手4人も含む)。犠牲者はほかに消防団12人、警察官2人、市民6人、外国人火山学者3人(さらに2年後の火砕流で、農業の男性1人が死亡)。

島原市と深江町は災害対策基本法に基づき、立ち入り禁止の「警戒区域」を設定、避難住民は最大時には1万人を超えた。農・漁業、観光ホテルなど、直接の被害を受けていないのに警戒区域に含まれ経営基盤を失った人々は、「被害は天災ではなく〝法災〟だ」として特別立法による補償を求めたが、かなわなかった。

『雲仙記者日記』のあとがきで私は「これからも、僕は災害のたびに取材陣に加わることになるのだろう」と書いている。だが、いま振り返ってみれば、私は「災害記者」として生きてきたわけではなかった。

その後の記者人生を規定した出来事。実は、この新人記者の体験記『雲仙記者日記』という本を出版したことだったのでは、と今になって思う。私はその後、「一人称で報じること」がとても多かったのだ。

第1章で書いたように、東京単身赴任中に「やまゆり園」障害者殺傷事件に遭遇して、障害児の父の立場を明らかにして犯人と接見を重ねたことも、そうだ。そして、メディアのあるべき姿を考えること。その後の30年、ずっとこの2つの視点を持ちながら、報道に携わってきた気がする。

主観と客観について

福岡で勤務していた１９９８年、長男・金佑《かねすけ》は生まれた。３歳で、先天的な脳の機能障害・自閉症を持っていることが判明した。

自閉症は発達障害の一つで、脳の中枢神経の機能障害に由来する。外見だけでは、障害の存在が分からないことが多い。個人差が大きく、言葉を持たない人から、オウム返しのように相手と同じ言葉を繰り返す人、知的障害を伴わず大学に進む人までいる。

自閉症者は、視覚や触覚などから得る無数の情報を脳内で整理できないように思える。長男は2歳のころ、「人の声」と「自動車の騒音」の区別もできないようだった。私がいくら呼んでも、声だけでは分からない。一直線に走って公園を飛び出し、道路を横切ろうとする。怒っても意思は通じず、パニックになる。泣き叫ぶ長男を引っ張って買い物に行く妻は、周囲からの「虐待してんじゃないの？」という視線に何度も涙した。

一方、夫の私は、記者としての仕事に逃避していた。東京社会部にいた２００３年ごろ、明け方の浅いまどろみの中で、同じ夢をよく見た。夢の中で、長男は障害を持っていない。

２００４年、石破茂防衛庁長官が「自衛隊は今までやゆ的に『自閉隊』と言われてきた」と発言し、自閉症協会などから批判を受けて「(自閉症者や親などに) つらい思いを抱かせた」と謝罪したニュースが流れていた。ふと、毎日新聞の署名コラム「記者の目」を書いてみよう、と思い立った。自閉症は先天性の発達障害で、「引きこもり」「引っ込み思案」とは全く違うこと。自閉症児の父となるまで私も分かっていなかったこと。一人称の署名コラムなら、すっと書けるような気がした。

知ってほしい先天性障害　「自閉的」とは全く違う
自閉症児の父として　神戸金史（社会部）

（前略）長男とどうしたら意思疎通できるか。妻は声をかける時、同じ目の高さで肩をたたき、身ぶり手ぶりを加えた。指をさすことの意味を伝えるのに1年かかった。妻は私の写真を見せ、いつも親指を立ててみせた。4歳になった長男が、私に親指を立てた時は忘れられない。私も親指を立てて言った。「そうだ、おれがお父さんだ」。初めて意思が通じ合った瞬間だった。（中略）

私が自閉症への理解を広めたいと考えるもう一つの理由がある。妻から「長男が2歳のころ、このままでは殺してしまうかもしれないと思った」と聞いてから、「虐待を受けている一部の幼児は自閉症なのではないか」という疑念を捨て切れないのだ。目も合わせず、表情も乏しく、愛しても愛が返ってこない子……。子育てに悩む親が自閉症を知らず虐待に走っていたとしたら、悲劇だ。（中略）

日本でも理解が広まれば、その子に合った意思疎通の方法も見つけられ、無理解に由来する悲劇を防げるかもしれない。
石破長官の言葉は私たちの胸をえぐった。だがすぐ謝罪し誤解の拡大は防いでくれた。石破さんにお願いがある。ぜひこれを機に、自閉症のよき理解者になっていただきたい。

（２００４年４月21日掲載）

この記事を書いて、自分の内面は大きく変化した。初めて外に向かって、わが子に障害があると書いたことで、長男の障害を受け容れる階段を一段上がったのだ。記事を書いてから1年ほどして、あの夢をもうしばらく見ていないことに気付いた。

コラムの反響は大きく、２００通余りの投書やメールが私あてに届いた。8割以上が母親からで、その多くが「私も、子供の首に手をかけようとしたことがある」というものだった。
母子無理心中事件の背景に自閉症児がいるケースは多いのではないか、と思った私は心中事件の現場を訪ね歩いてみた。調べてみた8件ほどの無理心中（1件だけが父親によるもの）のすべてで、発達障害があると思われる子の存在が認められた。
だが、まだ幼くて自閉症との判定を受けていない子もいた。「無理心中事件のうち、被害者が自閉症児、加害者が母親のケースは何割ある」という統計は、存在しないのだ。客観的な事実を提示していく通常の報道では、書くことができない。しかし、障害児の父である記者が取材してみて、「無理心中事件の多くは、自閉症を持つ子供に悩んだ母親が引き起こしているようだ、と私は思った」と伝えても、何の問題もない。
ただ、一人称の連載だけでは、客観性に乏しいと思われてしまうかもしれなかった。そこで、まず朝刊の1面トップに、無理心中現場のルポルタージュを掲載した。この記事では一人称表現は出さずに、客観報道に徹している。記事の書き出しを引用する。

「疲れた……分からなくなりました」
妻は自閉症児と無理心中した
前途絶望の事件続発　孤立する家族　体制整備が急務

ゆっくり流れる大きな川の桜並木の堤防近くに、2Kのアパートはある。早番勤務を終え帰宅した会社員（46）はチャイムを押した。「おとうさん」と言ってドアに駆け寄る長女（4）の足音が、今日は聞こえない。鍵を開けた。電気はついている。寝室をのぞくと、妻（43）が、ネクタイで鴨居からぶら下がっていた。うっ血した腕が変色している。足元の布団に、長女と小学3年の長男（8）が横たわっていた。首に手で絞めた跡が残っていた。5月31日午後2時48分、会社員は110番した。
（2004年7月4日、1面）

そして、同日の社会面では、5回連載「うちの子　自閉症児とその家族」がスタートした。こちらは一人称表現で展開する。社会面連載初回の書き出しを客観報道の1面と比べれば、違いは明らかである。

痛み分かち合えたら　親の悩み深く重く

同じ悲劇繰り返さぬため　心中事件の遺族を訪ねた　「近所に知られたら、死ぬ」

「パニックを起こした子供を抱え、車列に飛び込もうとした」「何度も首に手をかけたことがある」。４月21日付の本紙「記者の目」で私（記者）が自閉症の長男（５）について書いたところ、２００通以上の反響が届いた。自閉症児の家族からの重い手紙が多かった。私自身、妻から「長男が2歳のころ、このままでは殺してしまうかもしれないと思った」と聞かされた。自閉症は「内気な性格」「引きこもり」とよく混同されるが、親子間でさえ深刻なコミュニケーション不全を引き起こす先天性の障害だ。世間から誤解される一方で、親たちは孤立し追い詰められている。【神戸金史】

（２００４年7月4日、社会面）

この連載キャンペーンにも、大きな反響があった。子供の自閉症に苦悩する母親が無理心中を起こしている、という指摘はこれまでなかったからだ。

新聞とテレビ　それぞれに優位な場面が

「記者の目」を書いたことで、予想しなかった反応が起きた。テレビ朝日『報道ステーション』の後藤和夫デスク（当時「古舘プロジェクト」所属）は、「この記者を取材しよう」と思いついた。取材を申し込んできたのは、「古舘プロジェクト」の柴田徹郎ディレクターだった。

いつも取材をお願いして記事を書く仕事の私に「断る」という選択肢はなく、妻に「取材を受けることにした」と説明した。それから、柴田ディレクターは時々わが家に来て、妻にインタビューしたり、私が子供を追いかけて走るシーンを撮影したりした。たまたま私は長男が生まれてすぐ、福岡でRKBに2年間出向したことがあり、放送記者の経験があった。「この日に来ると、分かりやすい場面が映像に撮れるはず」と連絡しては、柴田さんと話し合って撮影を進めた。無理心中の現場にも、柴田さんは向かった。

RKB毎日放送と毎日新聞の間で記者交換制度が始まったのは、1999年。私は出向第1号として、RKBに派遣された。新聞記者9年目、それなりの経験を積んできたつもりだったが、文化の違いにかなり戸惑った。

取材相手にマイクを向けてインタビューを撮ったときのことだ。デスクに連絡すると、「何と言っていた？」と聞かれたが、私は即答できなかった。手元に、話した内容を書いたメモがない（新聞記者のように、取材内容をその場でノートに記録できないのだ！）。しどろもどろに、「……

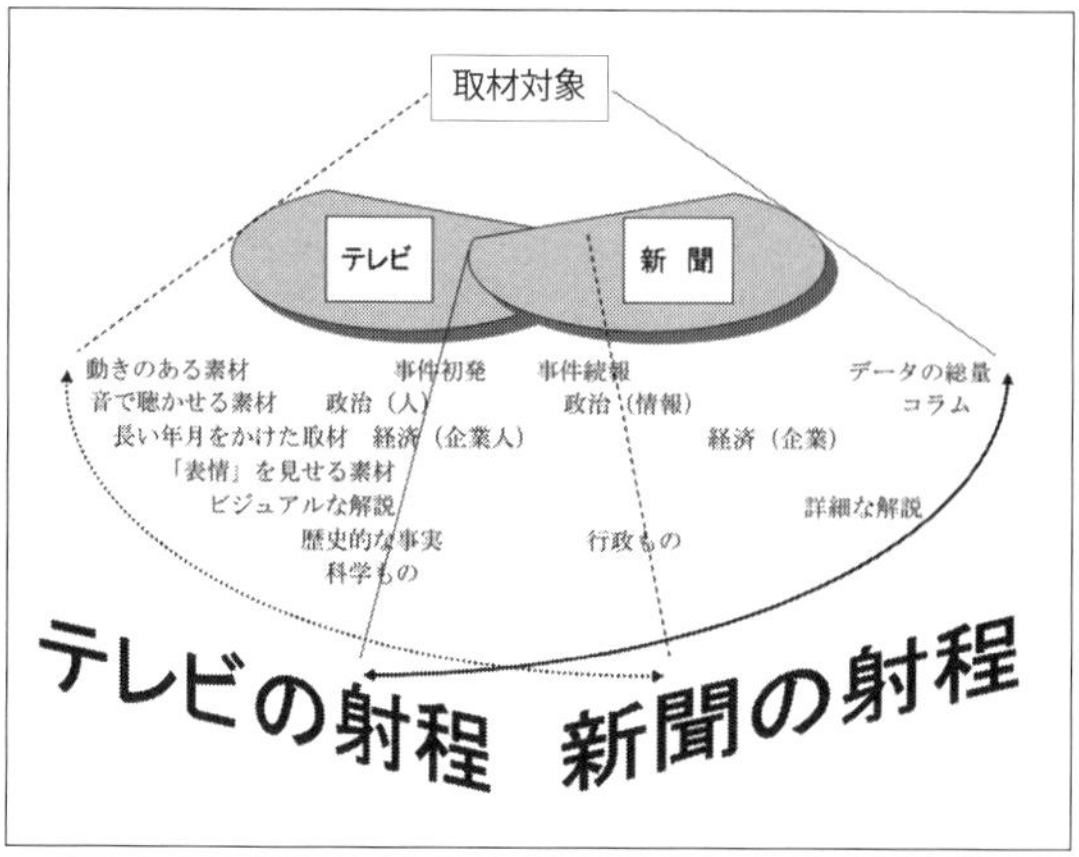

というようなことを言っていました」と説明するのが精いっぱいだった。

慣れるのにまる1年かかったが、2年目にはやりたいことがかなりできるようになった。日々のニュースのほかに、1時間ドキュメンタリー『攻防蜂の巣城　巨大公共工事との闘い４６６０日』を制作したり、ＴＢＳ『報道特集』を3回制作したりする機会に恵まれた。

2年間で、テレビが圧倒的に優位な場面、逆に新聞が得意な場面があることがわかった。２００1年、毎日新聞に復帰した私が書いた「初めての新聞と放送の記者交換制度　出向報告」から抜粋してみる。

新聞とテレビそれぞれの特長

（1）　射程

図では一見、左のテレビの得意分野が多いように見えますが、新聞の得意な「初報」、「掘り起こし」はあらゆる分野に及ぶので、書いていないだけです。この機能は新聞が卓越しています。

また、新聞がテレビよりかなり優れていると思われるのは、「深み」です。放送局が、新聞の見識ある続報を第1情報とし、視点を取り入れて取材することはたびたびあります。

このほか、新聞が圧倒的にテレビをリードするのは、まとまった解説紙面です。例えば狂牛病問題で、毎日新聞は振り返りを見開きでまとめ、高く評価されました。

テレビより情報量に優り、雑誌よりも一覧性がある「紙面」は、読者に良質な指針を与えられます。このような、時期を置いた解説は、新聞社内で考えるよりもずっと大きな効果をもっています。この分野がビジュアル化したら、他メディアは新聞に勝てないでしょう。ただし、解説を出すのが他紙より1日早かった、遅かったというのは評価基準の外であるべきです。

また、地方版の記者コラムや1面コラム、社説に相当する表現方法を、テレビは持ちえていません。わずかに筑紫哲也や木村太郎が深夜にコーナーを持っていますが、放送的なものとは対極にある「有名人の独りよがり」と見られています。それだけに、地方版の1記者のものであろうと、寸鉄の鋭さを発揮できるコラムの価値は極めて重要です。

一方、動きのある素材の撮影にテレビが成功した時は、新聞はとても勝てません。有明海凶作取材の現場では、1000人もの漁民の怒号が響き、農政局長が糾弾される迫力に圧倒されました。その雰囲気を生かして私が編集した「NEWS23」は波紋を呼びました。放送を見た農水相が翌日、記者クラブに「俺にも言わせろ!」と怒鳴り込んできたのです。翌日の「23」は農相の単独インタビューも勝ち取りました。この体験は貴重でした。新聞記者として、目の前で見たものを日本語にどう「翻訳」しても、自分で編集した映像を超えられないと痛感したからです。

このように、テレビと新聞の射程は、重なってはいるものの、明らかに双方にはできない分野を持っています。

(2)　時間軸

事件発生直後の生中継はテレビの独壇場ですが、よほど大きな事件でない限り、テレビの取材戦線は1週間をすぎると急速に縮小します。この時点では、「報道すべきかどうか」よりも「視聴者が飽きていないか」が重視されてきます。

しかし、放送のニュース部門から視点をそらせば、「NHKスペシャル」や「報道特集」のような番組が、この段階で素材をそろえ、編集が終わって出てきます。新聞記者はニュースしか見ていないことがほとんどですから、1本のニュースなら当然追いかける対象となったニュースが、両番組に盛り込まれていることに気付いていないケースはままありそうです。

しかし、こうした良質な番組はそもそも少ないのがテレビの現状です。だからこそ、半月から

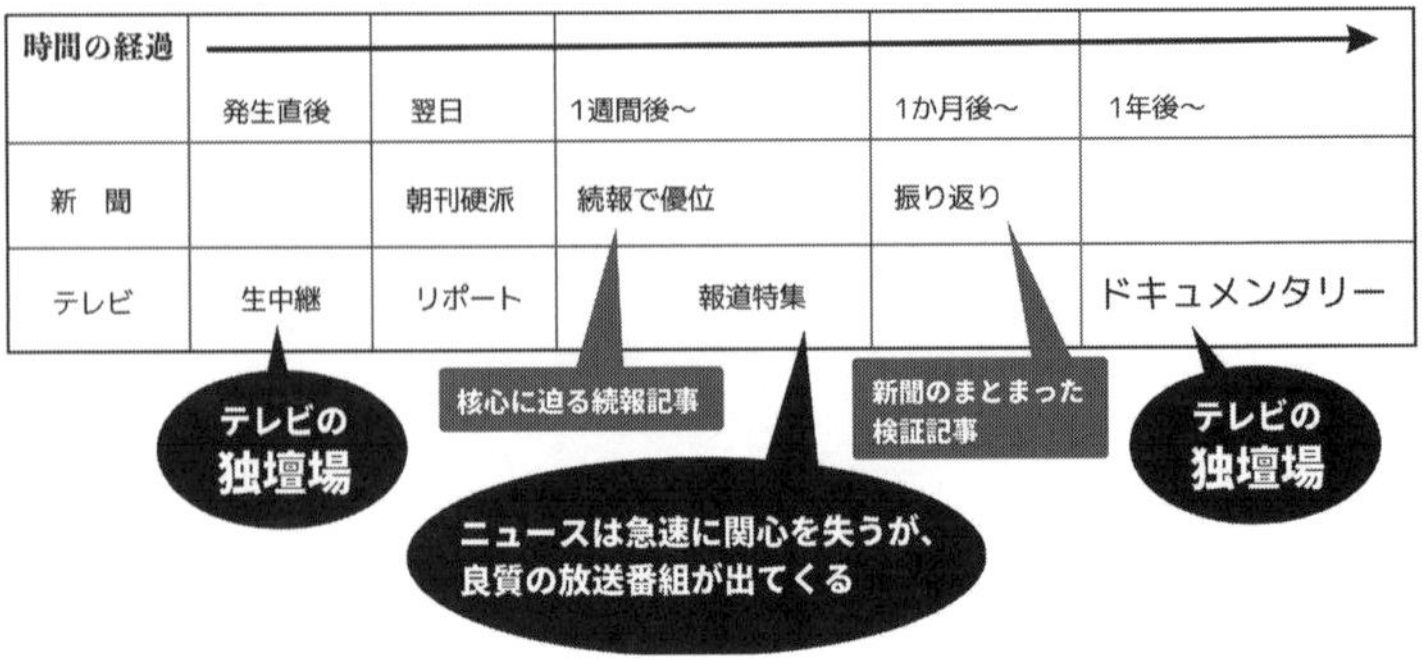

1か月経ったこの時期は、新聞にとって重要だと言えます。十分な解説紙面を、わざとこの時期を選んで展開することは、新聞の影響力を維持拡大することに効果的と考えます。

ただし残念ながら、本当に長い時間をかけての報道に優れているのは、新聞ではなくテレビです。それは、独自にニュース素材を長期間追いかける放送記者がいた場合で、1年後、もしくは10年後、長い時間枠を取って画面に現れてきます（そのころ、新聞の担当記者はもう元の持ち場にいないかもしれません）。

そんな番組では、テレビのもっとも得意とする分野の「動き」、「音」、「長い年月の積み重ね」が、圧倒的なパワーで視聴者に迫ります。

例を挙げれば、2001年10月14日に放映されたNHKスペシャル「ICHIRO　～メジャー挑戦　自ら語る162試合～」、Nスペが10年ごとに制作している「移民の肖像」などです。まさにドキュメンタリーの見せ場となり、担当ディレクター（記者である場合もある）は、新聞を全く競争相手と見なしていません。

このように、新聞とテレビが優位性を持つ時期は、時系列で見ると交互に現れてくるのです。

2年間の出向で私は、ドキュメンタリーこそがテレビの圧倒的な強みの1つだ、と理解していたようだ。一方、「放送よりも新聞が得意とするところ」も、はっきり見えるようになった。毎日新聞に復帰してからは、意識して「新聞らしい仕事」に取り組んだ。最も新聞が強いのは、記者コラムだ。だから、「記者の目」で私はわが子のことを書いたのかもしれない。

自分で書いた連載を、自ら映像化する

古舘プロジェクトの柴田徹郎ディレクターは、障害に関する知識はなかったが、わが家の取材を通じて自閉症に興味を持ち、長男・妻の取材に加えて無理心中現場にも取材を広げていた。「20分くらいの長いＶＴＲを、３本作りたい」と話すほどだった。だが、『報道ステーション』の番組方針から私たち一家だけに絞ることになり、非常に残念そうだった。

そんな中、２００５年2月に私はＲＫＢ毎日放送から唐突に転職の誘いを受けた。断り切れず、毎日新聞を退社して福岡に戻ることになったが、柴田さんが完成させた11分のＶＴＲを『報道ステーション』はなかなか放送してくれなかった。ウラ番組の企画内容や、前後の番組の流れなど、番組サイドは視聴率への影響を考えて、後まわしにしていた。ＶＴＲの内容は「いつ流してもい

いもの」だからだ。

だが、4月になれば、私は系列違いの放送局員。VTR内では新聞記者として登場するのに、放送された時は毎日新聞に在籍していないことになる。「早く放送を」と柴田さんを通じて何度もお願いしたのだが、3月末になってしまった。私はとうとう、放送の中止を申し出た。

驚いた柴田さんから翻意を促されたが、私は「自分で1時間番組を作って、TBS系で全国放送したい」と言った。

テレビ朝日は、まだ放送していない。映像素材の著作権は取材した古舘プロジェクトにある。デスクの後藤さんは私に素材をすべて譲り渡すことに同意してくれた。柴田さんは無念だったろうが、「20分企画を3本作りたい」という希望が叶う可能性は失われていた。2人は「必ず全国放送にしてください」と私の背を押した。こうして、私は映像素材を持ってRKBに転職した。

入社後すぐに、この企画をTBS『報道特集』に持ち込んだのは、出向当時に『報道特集』を自分で制作・放送した経験があり、番組デスクの西野哲史さんを知っていたからだ。

とは言え、家族の映像だけでは番組はできない。軽度の障害を持つが定職を持っている青年や、重度の障害でほぼ意思疎通ができない少年の取材を福岡で進めた。TBS秋山浩之さんら『報道特集』のスタッフが番組構成や編集に携わってくれたおかげで、40分あまりのVTRを作り上げ、7月末に全国放送することができた。制作者として私も生放送のスタジオで解説した。

この『報道特集』にも多くの反響が寄せられた。その中に、娘が孫の首を絞め飛び降りたという女性からの手紙があった。事件は、放送のわずか半月前に起きていた。「番組を見ていたら、死ななかったかもしれない」との内容に驚き、岡友和カメラマンと女性を取材した。こうしたその後の取材を含めて、１時間番組として制作したのが、ＲＫＢローカルのドキュメンタリー『うちの子　自閉症という障害を持って』（２００５年12月放送）である。タイトルには、毎日新聞での連載と同じ「うちの子」というワードを使ってみた。放送後の長男の成長を追加取材し、ＲＫＢでローカル放送した２００６年４月バージョンが完成版となった。

この番組は、毎日新聞東京社会部のデスクや同僚、テレビ朝日『報道ステーション』のデスクとディレクター、ＴＢＳ『報道特集』のスタッフら、ＲＫＢ以外の多くのメディア人の協力があって初めて成立した。とても珍しいローカル番組である。

何より、古舘プロジェクトの柴田徹郎ディレクターの存在が大きかった。彼はデジカメを持って私の妻にインタビューした。第三者の柴田さんに自閉症の特徴をわかってもらおうと妻は丁寧に説明し、自分の気持ちも語っている。もし質問者が私だったなら、妻はあのような自然な表情を出さなかったに違いない。

この番組は、ＴＢＳ系列のコンテスト「ＪＮＮネットワーク協議会賞」で２００５年のネットワーク大賞を受賞し、ＴＢＳを始め系列全28局で放送された。協議会賞の表彰式には柴田さんもお招きし、大賞受賞あいさつで経緯を説明し、柴田さんに感謝を伝えた。

自分が書いた新聞連載を、テレビで自ら映像化する。これは、かなり珍しい体験だ。

『うちの子　自閉症という障害を持って』２００６年　49分

記者の長男かねやんは、知的障害などに加え、先天性の脳の機能障害・自閉症を持って生まれた。カメラは、かねやんの行動から自閉症の特徴を映し出す。

軽度の障害を持つ青年は、対人コミュニケーションに少々問題はあるが、きちんと指示されれば仕事は完ぺきにこなす。一方、重度の自閉症を持つ少年は、あまり意思疎通ができないため、ストレスを抱えて睡眠障害も起こしている。母親は「あと10年頑張っても無理な時は、一緒に逝こうと思っています」と、無理心中の可能性を口にし、涙をこぼした。

記者の妻も、「死のうと思ったことは、何回もありました」とカメラに語る。記者は、無理心中の現場を訪ね歩く。「子育てで悩んでいたという」としか報道されない事件現場に、自閉症児がいたことを明らかにする。

しかし、記者の長男が確実に成長していく様子が映像として映し出される。番組は「ゆっくりと歩めばいい。親も、子も」と呼びかける。

活字と電波では得意な射程が違う。

長男が幼い時には、自閉症とは何なのか、どんな子供を指すのか、知りたくて何冊も本を読んだ。だが、全く理解できなかった。活字の意味するところが、新聞記者の私でも頭に入ってこないのだ。だから、放送では、子供の特徴的な動きを映し出すことで、自閉症の特徴を簡単に示せる映像の利点を最大限生かした番組を目指した。

けれども不思議なことに、『うちの子』を制作した後は、自閉症の書籍を読んでも内容がすんなりと頭に入ってくるのだった。書籍には、放送では説明することが難しい質の情報がたくさん載っていた。以前あれほど分からなかったのが不思議だった。映像とテキスト情報の相乗効果は、私が考えていた以上にあるようだ。

セルフドキュメンタリーの大傑作があった

ところでＲＫＢに出向した１９９９年、木村栄文《ひでふみ》という偉大なディレクターを知ることになる（プロローグを参照）。私が初めて作ったドキュメンタリー『攻防蜂の巣城　巨大公共事業との戦い４６６０日』（２０００年）が放送文化基金賞で入賞した時、エイブンさんは大層喜んでくれた。だが、私は知らなかった。エイブンさんの代表作の一つに、『あいラブ優《ゆう》ちゃん』（１９７６年）という名作があることを。

優ちゃんはエイブンさんの長女で、知的障害があった。ＮＨＫは１９９４年５月、「テレビドキュメンタリー　木村栄文の世界」というシリーズを企画、『あいラブ優ちゃん』など６作品が衛星第２で放送された。エイブンさんはＮＨＫのスタジオでこう語っている。

「どこかで『ぶっちゃけたい』という気持ちがあったんですよ。会社の同僚に対しても、視聴者に対しても。『こんないい子なんだ』と訴えたい。障害児の親は、みんな同じようなことを思っているんですよ。『自分の子の様子はちょっとおかしいけど、本当はとっても純情な繊細ないい子なんだ』と。訴える手段が普通ないんですけど、幸いにしてＲＫＢという局にいるもんですから」

セルフドキュメンタリーの新たな地平を切り開いた『あいラブ優ちゃん』は、ギャラクシー賞の大賞に輝いている。当時エイブンさんは41歳。「知らない」とは恐ろしい。私は38歳、放送歴は出向時のわずか2年。社内では、身の程知らずの私の番組企画に唖然としていただろう。出向中にもし私がこの番組を観ていたら、同じ構図のセルフドキュメンタリーを作ろうなどと考えることは、絶対になかった。

エイブンさんは、私が転職してくる前の２００３年にＲＫＢを退職していた。『うちの子』がネットワーク大賞を受賞した２００６年3月。報道部のデスク席に座っていた私のところにエイブンさんがやってきた。

パーキンソン病の症状で手は震え、ゆっくりとしか歩けない。言葉も出ない時がある。エイブンさんは震える手で、私の机の上の紙に手を伸ばし、文字を書き始めた。書き綴る文字も、震えている。表情は出せないようだった。文字が判別できた時、私は真っ青になった。

「君は　冷酷だ」

ハートフルな名作、『あいラブ優ちゃん』を作ったエイブンさん。比して私は、父親であることが表現の甘えにつながらないよう、無理心中現場を訪ね歩いたりして、記者であろうと心がけた。長男と妻は取材対象なのだった。どんな言葉を返したらいいか分からず、私はただ凍り付いていた。エイブンさんは、震える文字をさらに続けて書いた。

「だから　できた」

今度は顔がほてってきた。エイブンさんは、受賞を喜んでいた。父親であることに重心を置いて番組を作った名ディレクターが、記者である立場で作った30年後の番組を認めてくれたのだった。

ドキュメンタリーの生命力

私は報道部の内勤となり、取材現場にいた期間は短いが、第１章で書いたように、管理職をしながら『シャッター　～報道カメラマン　空白の10年～』を２０１３年に制作した。

同じ年にもう１本、九州・沖縄ブロックネットのドキュメンタリー『新九州遺産』シリーズで『都会に残る小さな村』を放送した。福岡市東区の「箱崎」地区は、濃密な人間関係がまだ残る地域で、筥崎宮の秋祭り「放生会」に代表される祭りや、旧町内対抗の校区運動会など、古い人の付き合いが残っている。自分の住むこの町を1年半ほど撮って制作した番組だ。主人公の「人物」は特に立てず、１００人を超す町の人々が次から次に出てくる。「町」そのものを主人公にした(一人称表現の必要がないため、私自身は出てこない)。

毎日新聞の同期入社、東京社会部の青島顕記者が転職後の私の仕事を見ていて、「自分の身の回り、半径1メートルしか撮ってないなあ」と笑った。『うちの子』は妻子、『シャッター』は親友、『都会に残る小さな村』はわが町。本当にそうだ、と思った。福岡で私が知人たちに笑い話として紹介すると、次第に私が撮った一連の番組を指して「半径1メートルのドキュメンタリー」と呼ぶ人が出てきた。

この後、やまゆり園事件に遭遇した私は、さらに一人称表現の番組（ラジオ2本、テレビ1本）を作っていくことになったわけだが、放送作家松崎まことさんのすすめで、東京・渋谷のトークライブハウス「Ｌｏｆｔ９」で上映することになった。

非営利上映会のタイトルは、『半径１ｍのドキュメンタリー特別上映会』。２０１８年の初回は、74分の長編『シャッター』と、個人的に公開した9分のＹｏｕＴｕｂｅ動画（パギやんの歌）の組み合わせだった。

２０２０年は、ラジオ『ＳＣＲＡＴＣＨ　差別と平成』と、それをテレビ化した『イントレランスの時代』を連続して鑑賞し、テレビとラジオの表現特性やアプローチの違いを考える会とした。

最後に、『うちの子』のネット公開について触れておきたい。

やまゆり園事件から1年が経った２０１７年、ＴＢＳテレビ報道局の井上洋一さんから、ＲＫＢの『うちの子』を「社会へのメッセージ」としてＴＢＳニュースサイトで無料公開できないか、と打診された。ドキュメンタリーの無料公開は、両社とも初めてのことで、議論して著作権

「うちの子」の1シーン

問題をクリアした上で、冒頭にスタジオ解説をつけてネット公開に踏み切った。

その後、新ニュースサイト「TBS　NEWS　DIG」が登場する2022年まで、ネット上で『うちの子』は約5年間誰でも観ることができた。私自身も講演会を頼まれた時に、自閉症を映像で説明するため、TBSサイトの『うちの子』を再生して観せることがよくあった。講演会に集まった障害児の親や、福祉団体の人たちに、「誰かに『自閉症とは何か』を説明しなければならない場合、この映像を活用してほしい」と呼びかけた。

ドキュメンタリーの生命力は、長い。

ネット時代でも、やり方次第でドキュメンタリーを制作したり、展開したりする方法はあるのではないか。私がそう思っている理由は、ここにある。

水俣との出会い

吉崎　健《たけし》（ＮＨＫ福岡放送局・ディレクター）

半永さんの叫び

その叫び声は今も私の心に刻み込まれている。生まれながらにして水俣病を背負った胎児性患者・半永一光《はんながかずみつ》さんが、唸るように腹の底から絞り出した叫び。その叫び声が、その後の私の生き方を変えたと言っても過言ではない。

１９９１（平成３）年10月。その時私は、集まってくれた患者さんや支援者の人たち15人程の前で、話をしていた。当時26歳、ＮＨＫに入局して3年目だった。半永さんは、当時35歳。生まれた時から、歩くことも話すこともできなかった。車いすに、カメラを持って写真を撮っていた。半永さんにとって写真は自分を表現できる手段であり、〝言葉〟だった。そして自分の写真をもっと多くの人に見てもらいたいと思っていた。半永さんは言葉を発することができないため、半永さんは何も分かっていない、あるいはコミュニケーションをとることができないと思っている人が多かった。当時、私は取材をきっかけに何度も半永さんと会ううちに、やがて〝会話〟ができ

半永一光さん

るようになった。そして、半永さんから自分の思いを皆に伝えて欲しいと頼まれていたのだった。

私は、緊張しながら話し始めた。「半永さんが、1か月後に水俣で開かれる国際環境会議の会場で、自分の写真展を開きたいと言っている。みなさんに協力をお願いできないだろうか…」。すると、一斉に反対の声が上がった。NHKが番組を作りたいから言っているのではないか。半永さんは騙されているのでは。あと1か月では時間がない。まさに四面楚歌の状況に置かれ、私は正直、これは無理だなと思った。その時だった。半永さんが叫んだ。拳を振り上げ、全身を震わせて、声をあげた。「うぉぉおおー」。「自分は写真展をやりたいんだ!」。そこにいた誰もがその気迫に圧倒され、一瞬呆然とした。

そして、皆、半永さんが本当に写真展を開きたいと思っていることが分かり、次々に協力を申し出てくれた。行政の反対など、幾つかの困難を乗り越えて、1991（平成3）年11月、ついに写真展は実現した。半永さんと胎児性患者の仲間が、周囲の協力を得て写真展を開くまでを私は追いかけ、番組を作った。以来、今も患者さんたちや支援者の方たちとの付き合いが続いている。私にとってこの時の経験が、その後ドキュメンタリー番組を作り続ける原点となった。その叫び声は、信念を貫くための励ましであり、逆境にあっても決して諦めない希望となって、私の心の中にある。

患者さんと出会った衝撃

私が最初に〝水俣と出会った〟のは、その年、1991年の5月1日。水俣病の公式確認から35年を迎えた日だった。その日私は、NHK熊本の夕方のローカル・ニュースの中で、水俣病の慰霊祭の様子を数分間、生中継する担当ディレクターとして水俣に行った。この日の中継は、水俣報道室の記者が企画したもので、中継するにはディレクターが必要なため、たまたま私が行くことになった。特別な思いもないままに行ったのだが、この時の出会いがその後の私の人生を変えることになる。

慰霊祭が行われた乙女塚《おとめづか》は、水俣市の郊外、鹿児島県との県境に近い高台にある。塚からは不知火海が見えた。乙女塚を建立し、塚を守っていたのは、東京から水俣に移り住んだ俳優の砂田明さんと妻のエミ子さんだった。砂田さんは、作家・石牟礼道子さんの著書『苦海浄土』を読んで感銘を受け水俣に移住、『苦海浄土』を原作にした一人芝居を全国各地で演じていた。この頃、行政は水俣病犠牲者の慰霊式は行っていなかった。患者や支援者たちが20人程集まり、慰霊祭を細々と続けることで、問題は解決していないことを伝えていた。

中継の中で今もはっきり記憶しているのは、熱心に祈る患者さんの横顔のアップと最後にオーバーラップして映し出した不知火海の夕日の美しさ。横顔をアップにした人が、胎児性患者の坂本しのぶさんだった。

正直に言うと、私自身、熊本出身でありながら、水俣病のことは、教科書の中の過去の出来事くらいにしか認識していなかった。しかし、目の前にいる坂本しのぶさんは、当時30代半ばで、私と10歳くらいしか年が変わらない。胎児性患者の皆さんが、〝今〟を必死に生きている姿は、全く予想できていなかった。水俣病のことを、何一つ知らないと思い知らされた。

乙女塚で中継した数日後、私は再び砂田さんを訪ねていた。熊本から水俣まで、当時は車で片道3時間近くかかった。水俣が近づくにつれて、胸が苦しくなっていった。何も知らない自分が入り込んでもいいのかとためらう気持ちもあった。

砂田さんは、いろいろな話をしてくれた。乙女塚には、人だけではなく、水俣病の犠牲になって死んだ猫や鳥やすべての生き物の霊が祀ってあること。魚や鳥たちから見れば、私も含めた人間全体が加害者ではないか。自分が水俣病と出会って人生が変わったように、乙女塚が水俣病と出会う場になることを願っている。そして、水俣病のことを知らない私の取材依頼を受け入れてくれた。そして翌月には、初めての水俣の番組、WAVEくまもと『叫び〜一人芝居・砂田明の水俣〜』（1991年6月20日放送・熊本県域・28分）を制作・放送した。

この番組の取材の中で出会ったのが胎児性患者・半永一光さんだった。半永さんは、砂田さんが演じる一人芝居「天の魚（いを）」のモデルとなった人。水俣市の郊外、不知火海を見下ろす高台にある水俣病患者のための施設「明水園」で暮らしていた。

砂田さんが、明水園の半永さんを訪ねるシーンを撮影した時のことだった。撮影を終えて、帰ろうとした私たちスタッフに、半永さんが、「うー、うー」と何か話しかけてきた。最初、半永さんが何を言おうとしているのか全く分からなかった。戸惑っていると、半永さんが、アルバムの中の自分の撮った写真を指差して、「うー、うー」と声を出す。しばらくして、半永さんは、自分が撮った写真を、テレビカメラでもっと撮って欲しいと言っているのだと気がついた。改めてもう一度、アルバムの写真をよく見た。施設の中でのお祭りなどの行事や、世話をしてくれる看護婦さん、庭の花などが、半永さんの車いすの視線から撮影されている。写真は、傾いていたり、手ブレしたり、一般的にいう上手な写真ではなかった。しかし、見ていくうちに、私はある1枚にハッとした。当時の環境庁長官の顔が、下から見上げる形で、アップで写されていた。後で分かったことだが、北川石松・環境庁長官（当時）が、明水園を視察に訪れた時に、半永さんが車いすから撮ったものだった。普段なかなか撮ることがないアングルの写真。撮ろうと思って撮れるものでもない。病室の窓から見た海は斜めに傾いていて手すりも写りこんでいる。お見舞いに来た人や取材に来たカメラマンを写した写真もある。これが、半永さんが施設の中で見続けてきた景色であり、出会った人たちなのだと思い至った。

半永さんが撮影した写真
（北川石松・環境庁長官（当時））

半永さんが撮影した写真
（入所する施設の部屋から撮った不知火海）

心の会話

番組の放送が終わった後、私は半永さんのことが気になって、通って行くようになった。そうしているうちに、だんだん〝会話〟ができるようになった。〝会話〟とはいっても、もちろん、半永さんは言葉を発することができないため、言葉を交わすわけではない。何度も会って、半永さんのこれまでの人生や、周囲にいる人たちとの関係などが分かってくると、私が、こういうことですかと尋ねると、半永さんは「うー」とか「うう」とか声を出したり、首を振るとか身振り手振りで、イエスやノーの意思表示をしてくれる。それを繰り返すことでだんだんコミュニケーションがとれるようになっていった。

会話できるようになって、改めて分かったのは、半永さんが、自分の写真をできるだけ多くの人に見てもらいたいと思っているということだった。その根本には、自分をもっと知ってもらいたいという気持ちがあった。

半永一光さんは、1955（昭和30）年、代々続いた漁師の家に生まれた。この時、すでに父親は発病していた。生まれてから半年たっても1年たっても首の据わらない子だった。半永さんが3歳の時に、母親は夫と3人の子を残して家を出た。10歳で水俣市立リハビリテーションセンターに入院して7年、その後、明水園に移り、私が出会った時には19年がたっていた。

水俣病患者のための施設、水俣市立「明水園」は、不知火海を見下ろす山にポツンとあった。市の中心部から離れ、訪れる人は少なかった。水俣市民の間では、水俣病の暗いイメージのせいで観光客が来ないとか、市外に行ったときに水俣から来たと言うと偏見の目で見られ差別されるなどという話があり、病名変更運動も起こされたことがあった。

私が患者さんや支援者の人たちの前で話をしてから1か月後の１９９１（平成３）年11月、半永さんの初めての写真展が実現した。その準備から写真展が終わるまでを追いかけ九州スペシャル「写真の中の水俣〜胎児性患者・６０００枚の軌跡〜」＊を制作した。

＊九州スペシャル「写真の中の水俣〜胎児性患者・６０００枚の軌跡〜」（１９９１年12月12日放送）
半永《はんなが》一光《かずみつ》さんは、母親の胎内で有機水銀に冒され、生まれながらに水俣病を背負わされた胎児性患者。歩くことも話すこともできない半永さんにとって、自分のカメラで撮る写真が「言葉」だった。１９９１年11月、半永さんは、水俣で開かれる国際環境会議の会場で、初めての写真展を開きたいと思った。裁判は終わり解決済みとされてきた胎児性患者たち。多くが30代（当時）で、毎日やることも行き場もなく、悩んでいた。坂本しのぶさんは、生きがいが欲しいと機織りを習い始めた。心の奥底で思うのは「恋人みたいな人が欲しい」。金子雄二さんは、毎日パチンコ店に通うのが日課。周囲からは遊んでないで何かしなさいと言われる。しかし、重い障害があって働くことができないのだ。写真展に向け、それぞれの思いをメッセージに書くなどして準備した。しかし、直前になって、熊本県が会場を貸せないと言い出した…。写真展までの日々を追い、胎児性患者の思いを描いた。

胎児性患者の思い

写真展に協力しくれる人たちが集まって、あわただしく写真展の準備が始まった。約1か月間、毎週土日には泊まりがけで準備を進めていった。半永さんはまず、明水園からの外出許可、そして父親の承認をもらった。難しいことが予想された国際会議の会場ロビーを借りることも、市の担当者と直接交渉して許可を得ることができた。

胎児性患者の仲間たちも協力を名乗り出てくれた。坂本しのぶさんや金子雄二さんたち、皆、子どもの頃から互いによく知っている仲間で、この頃35歳前後になっていた。

金子雄二さん（当時35歳）の日課はパチンコだった。水俣の中心部にある行きつけのパチンコ店で、毎朝10時の開店から夕方まで、昼食も取らずに打ち続ける。そして、日が落ちる頃になると、いつもの居酒屋に出かけていく。金子さんは、話すのが不自由で、足や体が硬直している。見ていて危なっかしい程、ガクンガクンとたどたどしい足取りで、それでもどうにかバランスをとって、懸命に歩いていた。金子さんはずっと何か仕事をしたいと思ってきた。身体障害者が働きながら暮らせる施設があると聞き、大分県まで出かけて行ったこともあった。しかし、そこでの仕事は電気機械部品の組み立てで、金子さんに出来る仕事ではないと入所を断られた。周りの人からは、「遊んでばかりいないで何かしなさいと」よく言われていた。しかし、自分でも思うようにならないのだ。

（金子雄二さん）「いー、今でも、仕事をしたいけど、うー、でけんと（できないと）。それ、そ、それは、じぶん、じぶん、じぶんでも考えるもん」。

この頃、水俣病患者がパチンコをして遊んでいる場面を放送することはタブーだった。患者は、謙虚にひっそりと生きている、という先入観や固定観念があったと思う。裁判は終わり、補償金をもらって問題は解決したとも思われていた。「お金をもらって遊んで暮らせていいな」などと、心ない言葉を投げかける人もいた。しかし、補償金をもらっても病気が治るわけではない。重い障害を背負い、毎日やることもなく行く場所もない日々を送っていたのだ。私は、金子さんがパチンコをする場面を、切ないシーンとして撮った。


坂本しのぶさんも、日々悩みを抱えて、〝青春時代〟を生きていた。この頃、何か生き甲斐がほしいと、機織りを習い始めたばかりだった。バランスが崩れそうになりながら、なんとか自分で歩いてバスに乗り、支援者の砂田エミ子さんのところに通っていた。しのぶさんは、曲がった指先で、一織一織、時間をかけて懸命に織っていく。

しのぶさんは、取材の中で私にこう話してくれた。心の中の思いを絞り出すように話してくれた時、聞いていた私も心が震えるような感動を覚えたことを覚えている。

（坂本しのぶさん）「やっぱり、やっぱり、私もやっぱり、女だから、友達がおればいいなとか思います。（友達でいいんですか？）私べつに、私べつに、結婚はしたくないけど、やっぱり、やっぱり何か、恋人みたいな人がおれば、自分も、自分もやっぱり、楽しみの出てくるなと思います」。

しのぶさんの口から出た「私も女だから」という言葉に、はっとした。私は「水俣病患者」、あるいは「障害者」として、坂本しのぶさんを見ようとしていたのではないか。しかし、しのぶさんは、その前に、一人の女性であり、誰もが悩むような恋愛や家族の悩みを抱えながら、日々生き甲斐を求めて暮らしていたのだ。

しのぶさんは、半永さんの写真展をすることになったとき、真っ先に協力を名乗り出て、積極的に皆をまとめてくれた。写真展に対する胎児性患者たちの思いをこう語ってくれた。

（坂本しのぶさん）「半永くんの写真展に、みんなも、お、応援するということで、一生懸命やもんね。お、同じ気持ちやもんね、みんなも」。

「自分たちで何かやりたい。やればできる」。そして、「自分たちのことをもっと知ってほしい」という思いは、胎児性患者のみんなに共通のものだった。

胎児性患者のみんなは、写真展に向けてそれぞれメッセージを書くことにした。支援者の人たちに手伝ってもらいながら、自分たちで一文字一文字書いていく。写真展のタイトルは、半永さん自ら筆をとった。「半永一光」。硬直して曲がった手で必死に筆を動かす。「キキキキキ」。力のこもった筆は紙と擦れて音をたてながら、文字ができあがった。書き上げた時の半永さんの嬉しそうな笑顔が忘れられない。

行政の反対

この時、熊本県と水俣市は協力して、「環境モデル都市」の実現に向けた町づくりを進めていた。前年（１９９０年）の3月に、水俣湾に広大な埋め立て地が出現していた。13年間、４８５億円をかけたヘドロ処理事業が完了したのだ。最も汚染がひどかった水俣湾のヘドロの上にシートをかけ、その上に土をのせて埋め立てた。そして、この年（１９９１年）の11月に、「産業、環境及び健康に関する水俣国際会議」の開催を予定していた。世界から重金属汚染の専門家を招き、事例報告をしあいながら、水俣の活性化に役立てようとする会議で、経済的な効果も期待されていた。しかし、会議の中で、患者の代表が発言する機会は織り込まれていなかった。

写真展の準備がほぼ終わり、後は、翌日からの展示に向けて写真を会場に運ぶばかりになった時、問題が起こった。熊本県の担当者が、「写真展に会場を貸すのは難しい」と言っている、という話が伝わってきたのだ。

この日は、国際会議の1日目、現地視察が行われていた。国内、国外の専門家など、約70人が水俣湾埋め立て地や水俣病歴史考証館など5か所を見て回っていた。

一体どうなっているのか、半永さんたちは、視察に同行している県と市の担当者に会いに行くことにした。一行は水俣病歴史考証館を見学しているところだった。1時間以上待ってようやく、県と市の担当者が姿を現した。写真展をどうするのか、県と市の担当者は、半永さんに一度も会わないまま、話を進めていた。

市の担当者）お父さんの意向としては、ずっとあそこ（写真展会場）についているのは、あのー、反対だと。写真のところに終日ついているのは、そうしないように是非、言って下さいというお父さんからの話があったもんですからね。まあ、お父さんとしては――

半永さん）うあぁぁー。

半永さんは、自分の胸の辺りを指差してたたく。「自分は大丈夫」と言っているように見えた。

市の担当者）体のこととか、いろいろあって、その辺は、半永君、ちゃんと了解してほしいと思います。

半永さん）あぁーあぁー、あぁーあぁー。

半永さんは、両腕を広げて動かし、皆から言ってくれという身振りをする。そして、その場にいた支援者の安川栄さんが、自分の赤ちゃんを抱きながら反論した。写真展の準備をともにしてきた1人だ。

安川さん）まあ、市や県がね、そういう親子の間に入ってね、いろいろおせっかい焼くというのは変な話だと思うよね。親父さんが心配があればね、一光君に直接言うんだよ。一光君の写真展についてはもう、最初に行ったときに親父さんは了解してるわけだし。そのことでね、なんであなた方が親子の間に入ってさ、親父の言葉を、あなたがとりつがなきゃいかんの。一光君には、親父だったら直接いいますよ。おかしなことじゃないですか。

市の担当者）明水園の、明水園に、入院、入園されてるから、まあ、保護者というか、そういう立場で、お父さんが、外出許可とか、願いをやっているという話だった…

半永さん）うぉぉおおー。うぁー、うぁー。

半永さんは大きな声を出し、拳を振り上げて怒りをあらわにした。

県の担当者）一光君、大丈夫だからちょっと待ってね。

坂本しのぶさんが、県の担当者に話す。

坂本さん）どうして、あたしたちが、写真展ということをするかと言うと、し、し、市のひとたち（市民）にも、（私たちのことを）わかってほしいからです。

親族の反対

番組では紹介していないが、実はもう一つ、取材を進めていく中で、大きな困難が待ち受けていた。ある時、半永さんの親族の1人から、取材してほしくないと言われたのだ。この方は、私に向かってはっきり、水俣病患者がいることは家の「恥」と言い、表に出したくないと言われた。半永さんは、親族からもその存在を隠されようとしていた。ある日、私は、その親族の人と話し合うために、水俣の家を訪ねていった。夕方、玄関前に立ち勇気を振り絞って呼び出しボタンを押そうとするが、なかなか決心がつかない。ふと、台所から聞こえてくる音に気がついた。「トントントントントン…」。夕飯の支度をしている音だった。私は急に、自分が悪いことをしているという気持ちに襲われた。この方にとってみれば、私は平穏な日々を乱す者になっているのではないか。一光さんのことを理解してくれないひどい人と思っていたこの方も、平穏な日常生活を送りたいと願う、普通の水俣市民なのだ。ご自身も、周りの人から、噂されたりして、苦しんできたかも知れない。私は立ちすくみ、とうとう声をかけることができなかった。その日は、夕暮れの中、とぼとぼと帰っていくしかなかった。

番組を作って放送するということは、誰かを傷つける可能性をはらんでいる。自分は正義のつもりでも、それが全ての人の正義とは限らない。しかし、だからといって何もしなければ、ジャーナリズムの存在意義そのものを自己否定することになってしまう。悩んだ末に、結局、自分も加害者になり得るということを自覚しながら、向き合うしかなかった。

　半永さんの親族の方がおっしゃるには、自分はいいが、一光さんのお兄さんと弟さんがいて、その子どもたち、一光さんの甥や姪たちが嫌がっている。そして、写真に写っている胎児性患者の方たちもそうだ、ということだった。私は、わかりました、といって、一軒一軒訪ね歩くことにした。水俣市は海に近い平坦地はそれほど広くなく、南北に通る国道3号線から東側にあがると、斜面地が広がり山に連なっている。私は、その斜面の細い道を、一人とぼとぼと歩きながら、まず半永さんの兄弟の家を訪ねた。水俣の奥深い世界に足を踏み入れ、のしかかるような重圧を感じていた。

　半永さんのお兄さんの家を訪ねると確かに、その時、小学校高学年くらいの女の子とその下の男の子がいた。お兄さんは、自分はいいけど子どもたちに聞いてくれ、と言われた。そして、その女の子から言われたのは、「半永」の姓が珍しいのですぐ分かってしまう。学校でもいろいろ言われるから、どうしても取材したいなら仮名にしてくれないか。私は、一瞬迷った。仮名でも取材させてもらえた方がいいのではないか。この子どもたちが学校でいじめられたりするのは確かに申し訳ないと思うし、ここで取材がストップしたら局にも迷惑をかける……。様々な思いが一瞬のうちに脳裏をよぎる。しかし、すぐに思い直した。半永さんは、こうしてその存在を隠されてきたのだ。本人が何か悪いことをしたわけでもないのに。だからこそ、写真展を開くことは、「自分はここにいるんだ」「こうして生きているんだ」という、自分自身の存在の証しだった。ここで私が「仮名」に妥協すれば、半永さんのその思いを裏切ることになる。私は、そのことを懸命に話した。半永さんにとって写真は生きている証しなのだと。ただただ必死に話したと思う。すると、子どもたちは、理解してくれたのだった。それから、写真に写された胎児性患者さんの許可をとるために、水俣市や隣の田浦町など、5~6軒訪ねて回り許可を得た。ようやく、なんとか取材を続けられるようになった。

半永さんの視点から見えた光景

番組の撮影中に、とても感動した場面があった。それは、写真展の交渉で、県と市の担当者がなかなか現れずに待っている時に、半永さんが海外から訪れた学者たちと直接会った時だった。車いすに乗った半永さんの周りに人が集まり始めた。症状の重さに驚いているようで、興味深そうに見つめ写真を撮る人もいた。半永さんもカメラを手に、その学者たちを撮っていた。その時、声がかかった。「はい、それではもうよろしいでしょうか。もう時間があまりありませんから。すいません、皆さんバスの方へお願いします」。学者たちに同行している県の担当者だった。「今日は天気が良くて写真がいっぱい撮れてよかったですね。ははは」。半永さんに話しかけ、通り過ぎて行った。

私たちクルーは、半永さんのすぐ後ろにいて、カメラマンも半永さんの視点でずっとその様子を撮っていた。私は、水俣病患者本人と会う以上に大事な視察とは何だろうと考えていた。しかし、カメラの向こう側に写っている人々は、今までの私自身でもあった。患者さんと出会ってなかったら、私もきっと同じように振る舞っていたのではないかと想像した。

一行がぞろぞろとバスに向かって移動し、何か虚しさのようなものを感じていた時だった。半永さんに声をかけてきた人がいた。「Ｔｈａｎｋ Ｙｏｕ Ｆｏｒ Ｃｏｍｍｉｎｇ（来てくれてありがとう）」。１人の外国人が歩み寄ってきて、半永さんに語りかけた。「水俣病患者の皆さんの存在自体が今後の公害問題にとっても、とても重要な意味を持っている。だから、これからも体を大切にして頑張ってほしい」。すると半永さんは、自ら手を伸ばし、２人は握手を交わした。私は涙が出そうになりながら、撮り続けた。そこに〝人間がいた〟と思った。人として心通わせてくれる方がいてくれたことに感動していた。この方は、デンマークのフィリップ・グランジャン教授。その後、北大西洋フェロー諸島での長期微量水銀の胎児への影響調査などで国際的に知られる水銀研究の第一人者になられた。

実現した写真展

１９９１（平成２）年11月14～15日、水俣市文化会館で国際会議が開催された。９カ国、19人の学者や市民代表が壇上にのぼり、講演や討論を繰り広げた。しかし、水俣病患者が発言する機会はやはりなかった。主催者側の説明では、10以上もある患者グループのうち、特定の人を出すわけにはいかないというものだった。

交渉の結果、半永さんは、予定通り写真展を開くことができるようになった。国際会議の会場ロビーで、胎児性患者・半永一光さんの初めての写真展が実現した。写真には、胎児性患者のみんなが書いたキャプションが付けられていた。一文字一文字、不自由な手で懸命に書かれた文字。「おやじのふね　はやぶさごう」、「もどう（茂道、水俣病多発地区）のあみぶね」、「おせんぎょたんく（基準値を超える汚染魚が入れられたタンク）」など、その文字はゆがんだり曲がったりしているが、それ自体が力強いメッセージになっていた。国際会議に訪れた人たちは、思わぬ写真展に足を止め、そしていつしか見入っていた。会議に出席した学者の人たちも足を運んでくれた。あのグランジャン教授も、「あなたの写真展見にきたよ」と笑顔で語りかけてくれた。

国際会議の3日目に入ると、出席者の中からこの会議のもち方に疑問の声が出てきた。サブタイトルの日本語訳もそのひとつ。「産業、環境及び健康」の「調和のとれた関係を模索する」という部分の日本語訳がなかったのだ。水俣という地域にとって重要なテーマであるこの部分が、もし英文でなかったら、この会議には参加しなかったという学者もいた。そして、出席者から、患者の発言がないのはおかしいという声もあがった。主宰者側は、一般市民からの質問として受け付けることにした。

（水俣病患者・浜元二徳さん）「私が思うことには、水俣国際会議は、水俣病があるから、いや、こういう被害があるから、水俣でこういう会が催されたと思うんです。にも関わらず、水俣病患者がですね、この報告者、並びにパネラーとして出ていないのはどういうことなのですか」。

坂本しのぶさんも、会場の席から立ち上がって発言した。

（坂本しのぶさん）「あ、あ、あたしたちは、も、も、も、もう35（歳）になったけど、水俣病のことは、何にも、解決していないと、思います。せんせい、方に、わかってほしいとおもいます」。

そして、写真展に向けて胎児性患者の仲間たちが書いたメッセージを読み上げてもらった。

（胎児性患者のメッセージ）「みなまたも、ぼらんてぃあがたくさんおればよかが（いればいいけど）、やっぱり、しせつにおれば、いらいらするもんね。にんげんかんけいがいろいろあるもんね。おかあさんも、おとうさんも、としをとってたいへんだ。ぼくがいえにかえればおおごとだ。どっか（どこか）みなまたのしないに、あぱーとみたいなのがあれば、そこでぼらんてぃあのひととせいかつしたい」。

（胎児性患者のメッセージ）「どうして しゃしんてんをするかといえば、わたしたちのことをもっともっとしってほしいからです。わたしたちは、なにもできないとおもわれているけれど、みんなですれば、なんでもできるのです」。

たった2日間の写真展だった。半永一光さんは、生まれて初めて、自分の心の中を見てもらったような気がした。これからも、心の中の水俣を写し出していく。

水俣に教えてもらった

私自身にとっても、初めての特集番組だった。面倒をみてくれた福岡局の岩下デスクをはじめ、編集マン、音響効果さんなど、多くの方たちの力でどうにか放送することができた。（コラム・岩下宏之プロデューサー・参照）放送後、半永さんを始め、写真展を共に作り上げた皆さんは、とても喜んでくれた。番組は、好評を頂き、全国放送に展開しようということになった。しかし、ここからまた新たな試練が待ち受けていた。

私のドキュメンタリー番組を作る旅は、ここから始まったといっていい。この番組を作る中で経験した様々な困難や挫折、それを乗り越えて放送した達成感や取材者からもらった感謝の言葉。そして取材させてもらった人たちを裏切らないという信念を持てたことが、これから30年以上続くことになった水俣の取材だけでなく、諫早や他のテーマにも向き合っていく元になった。

私は、水俣に出会って、生き方を教えてもらったと思っている。

＊【コラム】地方と東京

吉崎　健（ＮＨＫ福岡・ディレクター）

いくつかの困難を乗り越えて、どうにか放送まで辿り着いた九州スペシャル「写真の中の水俣」は、ありがたいことに好評をいただいた。今回は九州沖縄向けの放送だったので、作り直して、全国放送しようということになった。しかし、ここから一層の困難が待っていた。

全国放送の提案票を書き、番組のＶＴＲを送って、東京のプロデューサーのところに行った。しかし、反応は冷ややかだった。そのプロデューサーからは、水俣病は一地方の問題であり、もう終わった過去の出来事、なぜやるのか分からないと言われた。東京からみればそういう感覚なのだと思い知らされた。他の何人かのプロデューサーの元にも何度も足を運び、ようやく提案が通ったものの、放送予定は写真展から半年後になってしまった。間隔があいたため、新たな問題が生じていた。放送直後はとても喜んでくれた半永さんが、再び訪ねるといつになく渋い表情をした。反対していた親族の一人から、放送後にいろいろ言われたという。全国放送用に追加撮影を始めても、どこかぎこちなく、思うように撮影は進まなかった。

一通り撮影を終え一回目の編集をして、最初の試写があった。デスクの岩下さんからは厳しく怒られた。「今回は人に迫って撮れていない！　なんでこうなるのか！」。岩下さんから常々、「日常の暮らし」を描く大切さを説かれていた。〝日常〟を自然に撮るのはただでさえ難しい。取材相手との信頼関係が大事だし、撮った映像にはその関係性や現場の空気感が如実に映ってしまう。そこを見抜かれたのだ。

すぐに「追撮《ついさつ》」の指令が出た。当時、「ツイサツ」という言葉は、〝撮れていない〟というダメ出しであり、〝このままでは番組にならないぞ〟という宣告であり、重い響きがあった。大きな不安と緊張を抱えて再び水俣に向かった。しかし、難問が山積していた。半永さんは追加撮影に同意してくれたが、施設からの外出には家族の許可が必要だった。しかしもう、私からお願いしても許可が下りない状況になっていた。私は、これまで写真展の準備を共にしてきた支援者の夫妻に外出許可を取ってもらえるようお願いした。2人からは、また別の観点から苦言を呈された。先に放送日が決まっていて、それにあわせて撮影をする、テレビ取材のあり方そのものに対してだった。その時、ちょうど、新潟水俣病を描いた佐藤真監督の記録映画『阿賀に生きる』が水俣で上映された。阿賀野川の畔にスタッフが3年間住み込んで撮影したこの映画と比較されたのだ。その通りだと思ったが、どうしようもできない。必死にお願いするしかなかった。そして、最終的に夫妻は外出許可をとってくれた。

私はすぐに半永さんの元へ行き、反対する親族が怒って、迷惑をかけるかもしれないが、それでもやりますかと率直に相談した。嫌だと言われれば、もうあきらめようと思っていた。番組のために半永さんを傷つければ本末転倒になる。半永さんは、少し考えた後、やると意思表示した。私も腹をくくり、2人で覚悟を決めて撮影に臨んだ。そして、どうにか編集を終え、ナレーションのコメントを書くという時、私は倒れた。十二指腸に潰瘍ができて穴が空いたのだ。十二指腸と胃の3分の2を切除する緊急手術を受け、一命を取り留めた。

1992年7月、私は病院のベッドの上で、全国放送になった番組を見た。半永さんは番組を喜んでくれたが、親族の方からこれ以降の取材は受け入れられないと言われ、それ以降19年間、半永さんの取材はできなくなってしまった。しかし、今でも、この番組を作ったことは後悔していない。私と半永さんは、同志として、その存在の証しを立てるために共に闘ったと思っている。

「テレビ屋なのね」

私が入院しているとき、最初に作った九州スペシャルが、地方の時代映像祭の賞をもらったという知らせが届いた。それまで批判的で提案を通してくれなかったプロデューサーも、手のひらを返したように、いい番組と思っていたと称えた。私自身、最初の九州スペシャルの方が、皆さんの思いをちゃんと伝えられたと感じていた。この時、全国放送だから優れた番組だとか、ローカル放送だから劣るとか、関係ないと心の底から思った。

1993年の夏、私は熊本局から東京に異動した。NHKのディレクターは、地方と東京を行ったり来たりするのが通常だった。私が最初に配属されたのは、朝の情報番組だった。平日は毎日放送があり、民放との競争をすごく意識していて忙しかった。そこで感じたのは、何かが「逆回転」し始めているということだった。地方にいるときは、人と出会って、その人の魅力をもっと知ってもらいたい、伝えたいと番組を作っていたが、東京に来てからは、今何が流行っているか、何が視聴者に受けるかをまず考え、それに合う人を見つける作業が多くなった。私が取材先と時間をかけて関係を作り、私だからできる番組ではなく、毎日放送を出すことが重要だった。必ずしも「私」であることは必要ではなかった。もし病気になっても他の人が代わりに作る。大きな組織の歯車の一つになったような気持ちがした。時間に追われる中、効率的に、問題を起こさずに番組を作るのがいいディレクターとされた。カメラマンとの関係も変わった。地方では、みな顔見知りで、何度も話し合ったり議論したりしていたが、東京では一期一会。今回のロケで一緒だった人と、次に再び行くことはほとんどない。今、目前にあるロケをどうにか成立させるよう、刹那的なつきあいになった。もちろん東京には、継続的に取材して、取材先と関係を作り、いい番組を作られる方たちがたくさんおられる。私がまだ若く、もっと経験を積んだり、もっと私が優秀で特集番組をやらせてもらったりしたら事情は違ったとは思うが、当時の私はそう感じた。

1997年の夏、私は、長崎局に異動になった。長崎では、諫早湾干拓や長崎原爆、雲仙普賢岳の噴火から10年などの社会的な問題だけでなく、長崎くんちといったお祭りや、日本とオランダとの交流400年のイベントや番組など、とても忙しく、充実した日々を送った。東京では必ずしも納得できる番組を作れずに、失意のうちにきた長崎だったが、原爆や普賢岳災害などから立ち上がってきた人々の力強さや優しさに接して、私自身が救われた思いがした。

そして、2002年、再び異動の時期を迎えた。私の心の中に、ずっと棘となって刺さっていた言葉があった。私が転勤で熊本を離れる時、胎児性水俣病患者・坂本しのぶさんから言われた言葉。「吉崎さんもテレビ屋なのね」。マスコミは、都合がいいときだけ水俣に来て、手柄をあげたら去っていく。新しい担当者が患者さんのところにくれば、また一からやり直し。そしてまたいつか去っていく。そういうことを、繰り返し体験してきた。マスコミも行政も、組織の担当者は交代できても患者は代わることはできない。しのぶさんは、そのことを、皮肉を込めて私に言ったのだ。その時は、私は違います、とは言ったものの、組織の中にいて、結局は、東京、長崎と転勤していく間、どこかでその言葉がずっと、引っかかっていた。そして、長崎から異動する時、順当にいけば次は東京だったが、九州に留まりたいと希望を出した。東京に行かないことは、規定のレールから外れることになる。当時の上司からは、東京で規模の大きな番組を作った方が絶対にいいと反対されたが、結局、福岡局に転勤になった。そして、水俣病公式確認から50年になる２００６年、熊本局の若いディレクターと一緒に、13年ぶりに水俣の番組を作った。半分は、自分自身に対する意地だったと思う。しかし、いったんレールを外れてしまうと、気は楽になった。

福岡局では、関連会社に出向するなどして、結局11年間いた。この間、水俣関連では、医師・原田正純さんや作家・石牟礼道子さんの番組などを制作した。２人のことを深く知って、地方にこそ〝本物の人〟がいるのではないかと思うようになった。その他、筑豊で炭坑の絵を描き世界記憶遺産になった山本作兵衛さんや福岡の大刀洗飛行場から４人乗りで飛び立った特攻隊、福岡の懐かしい街や人を写したろうあの写真家・井上孝治さんや、韓国をテーマにした番組など、数多くの番組を制作した。2013〜2019年は、再び熊本局に異動し、私自身も体験した熊本地震を復興まで追いかけて作り続けた。2019年からは再び福岡局に戻り、諫早湾干拓の取材を17年ぶりに再開したり、北九州市を拠点にホームレス支援を続ける牧師・奥田知志さんの番組を作ったり、今も現場で番組を作り続けている。

ディレクターとして地方でドキュメンタリー番組を作り続けるとはどういうことなのか。NHKでは極めて珍しい生き方で、地域から番組を作り続ける、そんな変わったディレクターがいてもいいのではないか、という思いでやってきた。私が思うのは、まず取材の現場に近いということ。もちろん東京にも現場があると思う。ただ、組織として、通常は東京に人を集め、地方で災害や何かテーマがあれば、その時に地方に取材に行けば、効率的でいいという考え方がある。もちろん、東京からでも行けるが、物理的だけでなく心理的にも〝現場から遠い〟ことがあるように思う。その地域の実情は東京から見えないものもある。そして、ただ地方で作ればいいという話でもなく、〝どちらを向いているか〟も大切だと思う。地方の現場から中央や社会に向かって情報や思いを発することができているか。中央の見方や都合をただ地方に押しつけるだけでは、意味がないように思う。そして、出会った人を大切にし、その時だけの〝ネタ〟としてではなく、人として長くつきあいを続ける。こちらの都合だけではなく、その地域と人に向き合う。それが大事ではないかと思う。これからは東京一辺倒ではなく、地方を拠点にする人がもっと増えてもいい。そういう多様な生き方が受け入れられる社会、時代になることを願っている。

第4章　座談会Ⅱ　仕事とライフワーク

それぞれの「原点」

福元（司会） それでは、第2部に入ります。

3人の方の「原点」の原稿を読んで、質問などがあると思いますが、先に3人の方に「自分の原点は何だったのか」っていうことについて喋ってもらった方がいいかもしれません。まず神戸さんからお願いします。

神戸（RKB） 自分の原点とはずっと、「雲仙普賢岳の災害に遭遇したこと」だと思っていました。先輩から「一番初めに会った大きなニュースがあなたを決めるよ」って言われ、間違いなく雲仙だと。しかし途中から、「一人称で自分のことを本にしたことなんじゃないか」と思うようになりました。

これまでの番組を全部一人称で作ってきたわけじゃないんですけど、非常にややこしい難しい話に取り組む時は自分が出ることを厭わずにやるべきだと思っています。セルフドキュメンタリーというジャンルを躊躇《ちゅうちょ》しないで来たのは、『雲仙記者日記』という本を20代で書いたことが理由かなと思っています。

もう一つ、同じ普賢岳災害で「メディアは何のためにいるんだ」ということを考え続けて生きてきました。人から、メディアがどう見えるか。会社の秩序では、上司がこう言ったからやらざるを得ないということが、時にはあるにせよ、人からおかしなふうに見られるような行動をとってはいけないという意識は強くありました。ですから、『シャッター』の時も、メディアはどうあるべきなのかという問題意識が常にあって、それはドキュメンタリーを作るときに欠かせない要素として自分の中にいつもあります。

臼井（KBC） そうですね。原点っていうと、いろんな取材を通じての原点というのはあるんですけども。僕の場合は、ある教えがあってそれが原点に繋がっているという感じがするんです。入社2年目で、「九州朝日放送の報道として番組の作りを、ニュース番組の作りを変えてみようじゃないか」という話があったんですね。その時はよくわからなかったんですけど、作業として1週間から10日に必ず1本、5〜8分ぐらいのVTRを作るんですよ。これは大変だったんです。そうするとおのずと人間に迫っていく取材になる。事件であっても事故であっても、あるいはある大きなテーマであっても、人間に迫るっていうふうな取材をするようになったんですね。

そのときの方針としては、「狭いが深く」やろうじゃないか。テーマは「生きる」というテーマでやるんだと。わかりやすい話ではあるけども、非常に難しい話でもあるんです。それをやりながら思ったのは要するにどんな取材においても人間賛歌っていうところは欠かせない。どんなときにも人間へのリスペクトだなっていうふうなことに思い至るようになりました。

今日も話がいくつか出ていますけども、従軍慰安婦の取材のときにですね。元慰安婦の方に話を聞くんですが、話されている内容が、強烈なんですよね。それに心揺さぶられて、構成するということなんですけど、そこにとどまらずに、もっと深い心の奥底に何かあるんじゃないかっていうふうな問いをいつも持って取材していたというのがありました。この姿勢はかなりの部分で原点になっているという感じがして、その後、自分で取材するものにしても、あるいはプロデューサーや管理職として番組を差配するにあたっても、人間へのリスペクト。それを基本に考えて、そこからいろいろと表現を考えてみるというのがありました。原点となるとそういう若い頃に感じたこと、会社で示された方針、自分が重ねてきた取材が、今に至っているという若干抽象的ですがそういうふうに考えています。

吉崎（ＮＨＫ福岡放送局）　やっぱり、水俣と出会ったことが大きいなと思います。原稿にも書いたんですけど、最初はたまたま行ったんですよね。中継要員として行ったんですけど、そこで胎児性の患者さんと出会って、僕は当時25歳だったんです。胎児性の皆さんが大体35歳ぐらいで、10歳くらいしか変わらないんですよ、年が。だから、教科書の中のこと、つまり、過去のことだと思っていたのに、それが生々しくというかリアルに出会って、そのインパクトが大きかったんです。それと本当に自分は何にも知らないんだっていうことを思い知らされて、それで入っていった。僕にとっては半永さんとか、（坂本）しのぶさんとか胎児性の人たちの存在が大きい。

もう一つは、水俣という地域がとにかくマスコミに対して厳しくて。今は少し違うと思うんですけど。マスコミ不信というか。裁判とか何かがあれば、マスコミが大勢来て、用が済んだらまた帰っていくっていう歴史を繰り返していたので、それに対する不信。「お前もどうせ、すぐいなくなるんだろう」みたいな感じとか。それは強かったですね。

だから、そういう中で、びびっていたわけですけど、ただ、半永さんっていう写真を撮っている胎児性の患者さんと心が通じるようになったと自分では思っていますけど、そういう中で何か「この人たちを裏切れない」っていうところに至ったからですね。それを守るっていうか、そういう形で、最初の『写真の中の水俣』という番組を作ったんで、それを作れたということが大きかったと思います。そこまで行けたっていう。しかも、半永さんに喜んでもらった。世の中から隠されようと、忘れ去られようとしている水俣病を伝えたい、「俺はここにいるんだ」ってことを半永さんは伝えたかったと思うんですよね、その写真を通して。その写真展を実現するっていうところまで一緒にやったことで、一つの自分の中の成功体験になったと思うんです。

患者さん、それから厳しい支援者の方々、原田先生とか石牟礼さんとか、その後いろんな人と出会っていって、社会の縮図みたいなところが水俣にあって、その中で、「あなたはどのように生きていくんですか」っていうことが問われたと思います。僕としては生き方を教わったっていうふうに思っているんです。水俣に出会ったことで。

局内では「水俣のことばかりやってる」と言われたこともあるんですけど、ただ、水俣を深くやったことで、例えば諫早《いさはや》のこととかいろんな他の問題のこともわかるようになったということもあってですね。そういう意味でも原点かなと思っています。

仕事とライフワーク

福元　若い皆さんどう思われますか。今の３人の方の話を聞いて。作品にまた戻りながらでも全然構わないと思います。李さんどうですか。

李（ＮＨＫ福岡放送局＝入社２年目）　全然自分は、原点っていうようなところまでまだまだですけど……。皆さんの話が凄すぎて、ちょっとどうしようっていう感じですが……。神戸さんが、先ほどからずっとメディアが人にどう思われているのか、どうあるべきかっていうのを解いているっていうお話をされていたかと思います。それは、今後の課題なんだろうなと思うんです。しかし、それをどうやって自分も伝えたらいいんだろう、どう取り組んだらいいんだろうっていう部分で迷子になっている気がします。

　メディアが人からどう思われるべきか、時代が変化する中で、今、どういうふうに仕掛けるべきか、神戸さんにお伺いしたいです。

神戸　吉崎さんが言った「取材相手を裏切れない」というのは、非常に重要なメディアの倫理観だと思います。「会社でこう求められている」かとか、「番組を成立させるためにはこういうインタビューが要る」とかよりも絶対的に優先されるべきですよね。これを守っているかいないかが、メディアが信頼されるかを大きく左右する要素だと思います。

　それと、取材にかける時間。吉崎さんがおっしゃったように、ヒットアンドアウェーでその取材だけで終わってしまうのか。つまり、その時のニュースや番組にすることが目的なのか、それともその人たちと本当に付き合っていく覚悟を持ってやっているのか。性根を見透かされているんですよ。僕らは常に。常に疑われているから。やるべきだと思ったテーマにはとことん付き合っていけばいいと思うんです。

　よく思うんですけど、ドキュメンタリーの制作って「仕事」なのかな？「仕事だから行きます」なのか。夜中に映像を文字に起こしていく作業、あれは全部仕事なんですか。この人を描くために必要だと思ったら、夜中でもずっとやっちゃいますし。僕はいまだにそうですよ。寝る時も台本を枕元にずっと置いている。酒を飲んでいる時も持っています。思いついたらすぐ書く。番組を制作している時は、ずっと持っています。

　会社から「やれ」と言われているわけでも何でもない。居酒屋で独りで酒を飲みながら、ずっとペンを持って考える。それは、自分にとって仕事だからやっているのかって言われると、それだけじゃないんじゃないかといつも思うんですよ。
　吉崎さんがおっしゃったような、相手に対しての迫り方とかテーマ、自分の生き方が問われていること……。僕らの仕事の中ではドキュメンタリー制作が一番そういう要素の強い仕事のような気がしています。だとしたら全身全霊でやるしかないですよね。

李　そう思われたのはいつからですか。きっかけといいますか……。どうしてもまだ1年目ということもあり、仕事とプライベートの分け方が分からないんです。このご時世からかもしれないんですけど、勤務管理をしっかりとか、絶対家ではやらない、残業時間気を付けてとか……。それは組織として当たり前のことだと思いますし、労働者として当たり前のことだと思うんです。でも、皆さんのように没頭する域まで行きたくても、行くことが難しい環境のような気がします。早く行きたいというか、そういう何か楽しめる、味をしめたいんですけど、なかなか今後、できないんじゃないかなって思うんです。職場でドキュメンタリー番組を見ていると先輩方から「早く帰った方がいいよ。残業今月大丈夫？」とか……。そういうことじゃないのになって思ってしまうんです。組織にいながら、そういうのはどうやって取り組んだらいいのか。今後、自分の中で悩むだろうなと……。どうしたらいいんですかね？

福元　働き方改革の対極にあります。

李　そうです！

福元　要するにライフワークですよ。

李　そうなんですよね。

神戸　番組をより磨きたかったら、夜中でも僕はやっぱりやっちゃいますね。家のパソコンで。会社からは、そこまで求められていない。自分がやりたいんですよ。「楽しいことをやりながら、給料ももらってありがたい」という感じに近い。

「仕事だからやる」んじゃなくて、やりたいからやったら、それが仕事になっちゃってる。

李 それは初期からずっとそうだったんですね？

神戸 そうですね。

吉崎 多分、分けられないですよ。

神戸 分けられない。

神戸 サラリーマンなのか職人なのかっていうと、「職人だよね」って僕は思っていましたよ。

臼井 仕事に関して細かい指揮命令を受けた時とかね、そういう峻別をしていた気がしますよ。だからドキュメント制作に関しては、かなり「わたくしの時間」になっちゃうかなっていう。取材した素材を見るだけでも大変ですよね。僕は神戸さんのさっきの話と同じようなことをして、構成の案が浮かんだりとか、納得する言葉やコメントが浮かんだりしたら、やっぱり書きますもんね。その場で。移動中でも手帳出してメモするとかね。

そういうことをやっていました。そのくらいのめり込んでしまうのがドキュメンタリーなんだろうなと思うし。でも考えてみれば普通の取材でもあるんですね。

だから難しいところなんだけど、結局、自分のためだなっていう。そう。自分のためのものだったね。自分のためにやっているんだと。うん。そういうふうな感覚で。

神戸 上司から「そこまでやれ」と言われたわけじゃない。

臼井 そう。言われているわけじゃない。勝手に動いちゃってるもんね。

神戸 居酒屋でずっと独りで台本を手直ししているんですけど、『シャッター』の時、ずっと「何かが足らない」と思っていたんです。番組のラストカットは、五味カメラマンが撮ったアフリカの少年の顔でした。少年の瞳に、僕らのカメラがズームインしていく。瞳が大写しになってくると、そこには撮影している五味カメラマンが映っている。そういうラストカットでした。短い一言のナレーションが要る、と思った。

　突然ふっと浮かんだのが、「僕らは、見つめられている」という言葉だったんです。「メディアを描く。僕らも描く」と言って作ってきた番組です。瞳に映った五味カメラマンのカットに乗せるとしたら、「この言葉しかない」って思ったのは午前1時ぐらいの居酒屋ででした。

李　ええええ！

神戸　降りてきたときは、「忘れるな、忘れるな、書きとめろ！」と思いました。これを仕事と言えるかって言われたら……。「やれ」とは誰にも言われてないし、でも、自分がやりたいからやっているんですよ。職人だから、「もっと良くなるんじゃないか」と思って。

福元　ただ、どんどん不自由になっていますよね。管理がきつくなっていますよね。

李　周り見ても、若手でそこまでのめり込んでいる人は少ないんですよ。例えば同世代で、仕事かどうかもプライベートかどうかもわからないっていうぐらい、のめり込む人が近くにあんまりいないっていうか。飲み会でも、例えば、いろいろ話しても、「もう、会社の話はいいよ」とか、「業務の話はいいよ」と。業務って片付けられちゃうんです。だから飲み会も先輩や上司と行く方が楽しいんですよ。いろんな話が聞けるんで。同世代と行くと、「業務の話をしないで」になっちゃうので……。それも寂しいなって。同じ人たちがいると思ってマスコミ入ったのに、そういうのが言えるような人もいない。

神戸　逆の意見でもいいんだよ。

金子（RKB毎日放送＝入社3年目）　僕はNetflixで芸能人のやつとかドラマを見ているので、耳が痛いなと思って（笑）。

東（九州朝日放送＝入社4年目）　まさにこの若手3人のこの僕らって、入ったときから働き方改革と言われます。

李　そうです。

東　ただ、この仕事をやる上では、いかにのめり込むかっていうところも一つ大事な要素。その両立がすごく難しいのが僕らの世代だと思います。その中でも僕も入社4年目になって考えてきたのは、結局、やりたいか、やりたくないかを一つの判断の軸にしようと。これは日々のデイリーニュースとして、世のため、会社のために取材しなきゃいけないものだと。要するに、自分が心からやりたいか？　と言われると、そうではないというものは、業務として割り切ろうと。割り切るからこそモチベーションが上がるというか、仕事としてＫＢＣを背負っているというモチベーションで行けるっていうのがあります。

実は僕もこの1年間、高校生に密着するドキュメンタリーを初めて作らせてもらったんです。その中で、業務の時間じゃないんだけど、絶対にこの人と話した方がいいとか、この現場に行った方がいい、この時間、取材が終わった今、構成を考えた方がいいっていう機会が何度かありました。それって、自分がやりたいからやるものであって、誰かに言われたわけではないものです。そこを判断基準にしていて、やりたいものは、自己責任としてやるし、そこまで気が乗ってないなら、自分の働き方改革だと思って、ここまでで終わらせると割り切る。全部を同じ業務の中で考えるんじゃなくて、そこはもう違うものとして考える。

皆さんも代表作のドキュメンタリーの話なんで、「やりたい」っていう思いがもちろんあったと思うんです。今の話だけを聞いていると、あたかも全部の取材に対して、居酒屋であれこれ考えているみたいになる。
一同　（爆笑）
東　そうじゃないですよね。
神戸　違う。違う。
臼井　そうじゃない。そうじゃない。
東　『シャッター』も『イントレランスの時代』もやりながら、おそらく、多分、本当は気乗りしない仕事ってたくさんあったと思うのですよ。
福元　給料分の仕事。
東　そこって割り切っていたのですか？
神戸　そうですね。僕が報道部長をしている時に、若手記者によく言っていたのは、「日々のニュースをちゃんとやろう」。ボクシングで言えば左手のジャブだから、細かく細かく打っていきましょう。それは給料分の仕事だから。でも、本当は「右のストレートをドーンと打ちたいんじゃないの？」って。いつもジャブを打っていない人には、ストレートを打つ資格がない。サラリーマンなんだから、ちゃんとジャブ打とう。ジャブを打ってる人間は、ストレートを狙うチャンスが来る。左ジャブは給料分。右ストレートは自分のやりたいこと。やりたいことだけをやる人は駄目。でも、「ジャブだけではつまらないよ。右ストレートやるためにいるんだろ、俺たちは」って、よく言っていました。
金子　今３年目で、これまで企画コーナーや短い番組とか、自分の興味あることだけ取材してきたというか。でも最近これだけでいいのかな、と思う。今回初めて知った水俣の話は、教科書的に知ってはいたんですけど、自分ごとに考えられなくて、なかなか手が出ない。
　知らないことがあったときに、これをどんどん深く、掘る勇気が出ないというかですね。「この後押しになるような感情の高まりみたいなのが必要なのかな」って、ちょっと最近悩んでいます。どうされていますか？　これまで番組になった対象は、もう出会った時からやりたいことでしたか？

臼井　そういう時期なのかもしれませんよ。

神戸　うん。うん。

臼井　ずっとやっていれば必ず、とてつもない出会いがある。自分自身の経験を踏まえて思いますので。どうしたらやれるのかとか考える必要はないんじゃないかなと思います。日々、丹念に仕事をやっていれば、次に繋がっていくし。その途中にとんでもない人物に出会って、そんな悩みなんか吹っ飛ばされるように引き込まれることは起きうると思うんですね。

そういうもんじゃないかと思うけど。日々いろんなことに関心を持つのは当然としてもね。誠実に取材に取り組むっていうか、そこに他ならないのかなと思うんです。

神戸　自分の成長が止まっているんじゃないかと気になる時期ってあると思うんですよ。たいてい、3年目とか5年目です。僕はそのころ、異業種交流会に入りました。仕事とは別に、知らない人に会いたいと思いました。日常業務と全く関係なく友人になった人たちが、業務をすごく手伝ってくれるようになりました。「こんな人いるよ」とか教えてくれたり。会うのは当然業務じゃないから、休日や夜に会うわけです。それは当然ですけど仕事じゃない。そんなことを、僕は行き詰まった時にしていましたね。

臼井　それも有意義な拓《ひら》く作業だと思うし。

神戸　そのまま20年、付き合ったりするんですよ。

臼井　出会いが奇跡だったということですよね。そこは。

神戸　はい。

「もがき苦しみなさい」

臼井　だから、「もがき苦しみなさい」っていうか、「いろいろやってみなさい」ってしか言えないんだけど（笑）

吉崎　僕は1、2年生の頃は、どっちかっていうと要領が悪いというか、どんくさい感じでした。僕らだと、ローカル番組があって、九州沖縄ブロックがあって全国放送へとなるわけです。優秀な僕の同期とかは、早くから九州沖縄ブロックの、当時、「ワンダーランド九州」という岩下さんとかがデスクをしていた番組をやったり、全国放送を作ったりする。先に、同期のみんなが作って、僕はローカルのいろんな仕事があるんですよね。高校野球の中継とか、音楽コンクール（小・中・高校生の合唱）とか、それだけじゃなくて、リポートとか中継とかいろんな日々のやるべき仕事があって、何かそんなのをね、逆にすごく一生懸命やってたんですよね。音楽コンクールも、高校野球も一生懸命。だからドキュメンタリーやってた先輩とかは、「もうちょっと要領よくやれ」とかいう人もいたんだけど、僕は高校野球だったら、それこそ民放さんも高校野球の地方予選の中継を始めて、「絶対負けない！」と。

一同　（爆笑）

吉崎　熊本局で初めて、センターのカメラをもう1台増やしてスローを見せるとか、とにかく一生懸命。そんな感じだったんですよ。だから、ちょっとどんくさい感じだったんですけど、3年目に水俣に出会ったんですよね。でも行ったきっかけは中継で呼ばれてね。そういう予期しないこともあるんですよね。

　その後もいろんな中継とかリポートを作るとかそういう日々の仕事がありますけど、僕はどんなときでも何かそこに楽しみというか、やりがいというか、なんか一つでも見つけようと思ってやってました。やらなきゃいけない仕事でも。この人はおもしろいなとかこの人のためにやろうとか、何か一つでも見つかれば、どの仕事でも何かやりがいを持てる。何も見つからない場合もあるかもしれないけど。

一同　（笑）

吉崎　仕事を割り切ってやる。それもあるかもしれないけど、僕はできるだけその中で何かを見つける。一つでも見つかれば、何かやってる意味がある。

神戸　さっきの東さんの質問に対する、一つの答えかもしれませんね。仕事と割り切るんだけど、割り切った仕事の中に喜びが何かあれば。

吉崎　記者をされているといろんな出来事が向こうから来ますからね。それは対応しなきゃいけないから。僕らはどっちかと言えば、企画を書いていかなきゃいけないから、どうしてもテーマを選ぶときにそういうのを探すからですね、ちょっとそこは違うかもしれませんけどね。

神戸　マストでやらなきゃいけないから行ったんだけど、この人スゲーって思うことってあるんですよね。そうすると、一気にマストの仕事からやりたい仕事に変わったりする。そういうことは、記者の世界ではかなりある。もっとこの人のことを知りたいから、休日に一緒に飯を食いたいと声をかけてみたりとか。いつの間にかその人の番組を作ってみたくなっちゃったりするし。出会いが多いのは、記者の仕事の一番魅力だと思います。

吉崎　いや逆にすごいことですよね。みんながそんな環境にあるわけじゃない。

臼井　そうですよ。会えるって言うことですよね。チャンスがあるっていうことですよね。人々の生き方に接する。

神戸　名刺を出して会いたいって言ったら、普通は「なぜ？」と思われるけど、記者だからというだけでＯＫ。これは大きいですよ。

臼井　大きいですよ。

福元　ただこの10年、本当に記者が来なくなりました、うちなんかでも。それはもう目に見えてですね。忙しかったり、人数が減ったりしているんだろうけれどもとにかく減った。それと一緒に酒飲んだりすると、記者会見で喋れなかったことをこちらも喋るんですよ、どうしても。そこまで入り込む人っていうのも非常に少ない。臼井さんの元慰安婦の方の話もそうですけれども、１回目会うのと２回目会うのと３回目会うのと、全然違うわけじゃないですか。

臼井　そうなんですよ。

福元　１回目だけでその人の印象を決めちゃうと全然違うわけです。そこは今みたいにテレワーク偏重になると、生身で喋るっていうのとは違う。どんなにテクノロジーが発達しても人間というのは「身体性」からは逃れられないと思うんですよ。だから皆さん方の話を聞いて、もちろん、過労死したりするということの問題というのはありますけれども、やっぱりテレビだとか新聞が昔より面白くなくなったのは、そういうことと影響していると思います。会社の管理体制厳しいと思うんですけれども、結局人間の関係でしかモノができていかないと思うので、できるだけ機会を見つけては出かけていったり、人と会ったりしていかないと何も生まれない。

人間としての付き合い

吉崎　今回、自分の「原点」を書いて、臼井さんと神戸さんの原稿を読ませてもらって、思ったんですけども、ドキュメンタリーを作る楽しみっていうかな、喜びというか、そこに達するまでの経験をすれば、多分何かが変わるんじゃないか、それが大事かなと思いました。

そこに至らないと、それこそサラリーマン化するというか、これは単なる業務だっていうふうになってしまう可能性もあるかなと思って。それを超える体験までですると、自分でもう行かざるを得ないというか、行ってしまうとか、何かそこまでになるかなと。

例えば、臼井さんの慰安婦の問題の体験を見させてもらっても、先ほどあったように何回か通ううちに気持ちを通じて、チゲ鍋をね一緒に食べる。あれすごいいい場面だと思ったんですけど。原稿を読んで、その経緯がわかったところもありますけど。あそこまでいくと、多分もう通じ合うというか、なんか心がこう通ったという、そういう体験をされたんじゃないかなと思うんですけど。


臼井　そうですね、さっきの原点のところの深掘りの話になってくるんですけども。極めて貴重な経験だったと思いますね。チゲ鍋のところに至るのは1996年の韓国取材でした。2週間くらい行ったのかな。いろんな方にお会いするので、スケジュールもタイトではあるんですけども、その元慰安婦の方の家に行ったのは初日だったと思います。

その方を訪ねたのは2度目で、4年前に初めて取材した時の好印象、気風のいいおばあさんというイメージを持っていました。その方がどうなっているんだろうと思って訪ねると、荒れているんですよ。言葉が険しい、とげとげしい感じだったんですね。そうした様子はテレビとして一つの表現になりうるかもしれない。でも、「これじゃない」っていうふうに、感覚的なものがありましたよね。これで終わってこのままお別れしていいのかなっていう。

ドキュメンタリー取材としてもそうだけども、

人間としての付き合いとしてもどうなんだろうというふうに思うところがありました。だから、翌日も行くことにした。でも、その様子は変わらない。それだけの苛烈な経験をされているからだと思いましたが一方的に喋りに喋るんですね。それは解き放たれる一つの癒しの時間になっていたかもしれません。そういう時間を過ごす中で、樋口勝史カメラマンと2人で黙ってずっーと話を聞いてるんですよ、ずっーと。本当に胸の中がズタズタになるぐらいな感じなんです。2人とも疲れちゃって。ああ、今日も駄目だったかっていう感じになって。それでもまだ何か違うなと思ったし、もうちょっとソウルに滞在できる日程があったので。他の取材を可能な限りやって、時間を何とか作って、もう1回訪ねたのが最後の取材でした。そうなると自分はもう当事者ですよね。もちろん樋口カメラマンは、元慰安婦の女性をねらって撮影していますが、番組を見てもらったら分かるんですけど、私も写り込んで、作って頂いたチゲ鍋を一緒に食べているんですよ。辺見庸さんの『もの食う人びと』みたいな感じかもしれません。私も撮影対象に入れて話を聞いているところも入れています。そうすると元慰安婦の方が、少しずつ自分の率直な思いを語っていくのです。私は心を揺さぶられて、帰り際に「また会いに来ますから」と言ってしまった。番組にはそれをあえて入れたんですけども。

　元慰安婦の方はあのとき70いくつでしたが、そういう境地になったところで、戦後50年近く、その方がどういうふうに生きてきたかっていうところが、ようやく少し見ることができたという感じがありました。そういう意味でも切り結ぶ取材。私の原点だったかなっていう感じですよね。

神戸　番組としてはもう、「撮れてればいいよ」

という話になりますもんね。

臼井　番組としてはね。うん。

神戸　でもそれはちょっと本当じゃない、と思ったということですよね。

臼井　そうですね。

福元　そうでしょうね、そこで引き上げるんじゃなくて、またそこに行くということで、そこにたどり着ける。

臼井　そうですね。たどり着くということですね。

福元　普通、相手が喜んで取材を受けるとは限らない。だからそれはものすごいストレスだろうと思うんですよね。でもいけたときはやっぱり、ある種の愉悦というか、まあ精神的な快楽みたいなものがありますよね。

臼井　精神的快楽はありましたね。

福元　それにたどり着けなかったら、拒絶されたイメージしかないわけだから。

臼井　人間を知るっていう、人間の本当の姿を見ることができるっていうのはどれほど素晴らしいことかなっていうね、そういうことを思い知らされる。テレビとして、テレビジャーナリズムとして一つの特権だなと思いました。人間のリアルを記録して示すこと、これこそテレビジャーナリズムの一つの表現かなと思いました。繰り返しになりますけど。

吉崎　それで、あとに作った『誇りの選択』の方で、文《ムン》さんが亡くなるところまで、撮られてるじゃないですか。あれは素晴らしいなと思いました。そこまで、見届けるという。

臼井　そうですね。

吉崎　神戸さんも一緒だけど、ちゃんと人間として向き合うというか、ネタとしてやるんじゃなくて人としてちゃんと向き合っているから、そこまでいくんだと思うんですよね。それがすごい大事な気がします。

臼井　そうですね。結局4年間のお付き合いだったんですね、文玉珠《ムン・オクチュ》さんという方。文さんはピンクのチマチョゴリを着て、少女の頃の思いは変わってないという強烈なメッセージを発しながら、日本で証言をしました。自分の体や心に刻まれている戦地の記憶を克明に示した人で、初めて取材したのは入社5年目なんですね。一方、文さんは無論、大人ですよね。戦地を軍と共にさまよい、途轍もなく人間的な奥行き、奥深さがある人が、未熟な私の愚問の連続を受けてくれたのです。全てにちゃんと答えてくれる。にこやかな顔しながらも悲しい話をする、つらい話もしてくれる。この姿勢に参ってしまった。冒頭に話した、引き込まれたというのはそういうことです。

文さんはその後、急激に老いていくのです。補償問題は全然決着がつかない。お金が渡されることになったが、それは日本政府からのお金ではない民間からの募金で、受け取るのか、受け取らないのか。それこそ力の分断の話に近いですよね。そういう中、文さんは「受け取らない」という姿勢を貫き亡くなった。この方の最期を見届ける、記録しないといけないと思いました。神戸さんが五味さんに、午前2時に取材打診の電話をしたという話がありましたが、文さんが亡くなったことを知ったのは葬儀の前々日の夜でした。すぐにテレビ朝日の外報部を通じて、ソウル支局にお願いをして、現地のプロダクションのカメラクルーを急遽発注して、私だけ身一つで、次の日の昼の便で、ソウルに飛んで。文さんが住んでいたのはテグなんです。ソウルから南に何百キロかあるんですね。車でまたダーッと走っていって夜中に着いて。

李　車で行ったんですか。

臼井　はい。お葬式から埋葬まで間に合ってよかったと思っています。最期を見届けられて良かった。

福元　これはつまらない質問かもしれませんけど、元慰安婦の方が郵便局に貯金をされてましたよね。対応した郵便局員の肖像権みたいなものってクレームがつかないんですか？　出すなとか。

臼井　今ですか？　当時？

福元　当時。

臼井　つかないです。あれはニュースとしての公益性が優先します。

福元　ああいう場合は問題にならない。

臼井　問題にならないです。

神戸　カメラで盗み撮りしてる訳でも何でもないですから。

臼井　取材として認められている。

福元　相手が公務員に準ずるからってこともあります？

臼井　そういうことはないと思います。一般人でちょっともめるところではありますが、九州朝日放送とかＮＨＫとかＲＫＢとか示す、あえて示すようにするでしょう。それで了解だっていう話にはなっていますけども、そうじゃないって言ってくる人もいますので。

福元　その時は良かったけどあと何年かたって放映されるときは、ぼかしちゃったりとか。

臼井　それはあります。

神戸　内容によりますよね。

臼井　内容によります。

神戸　例えば、取材相手がもう亡くなっていて、ご家族が「ああいう証言をしたことは家族の恥なので、出さないでくれ」と言ったなら、「ボカしは入れようかな」と考えたり。それは著作権というよりも、配慮ですね。

福元　家族の感情に対してということですか。

神戸　で、役所の人間がもし、「俺にも著作権・肖像権があるから、これを出してもらったら困る」と言っても、「いや、ないですから」。
福元　それはもうなしということで。
神戸　ないです、ないです。

カメラマンの役割

福元　それから、作品って１人ではできないということで、カメラマンだとか音声だとか、取材クルーの話をそれぞれしていただけますか。映像を見ると、顔だけではなくてその人の仕草を撮ったりしますよね、あれはディレクターが最初からここを撮れっていうふうに言うんですか。
吉崎　いや、それはもう、カメラマンの瞬間的な反応ですからね。
　だから、事前に打合せはもちろん、移動中とか、毎日飲みながら話したりして、カメラマンにもわかってもらう。共感できるカメラマンとやりたいですね。その現場に行ってからでは細かいことは言えませんからね、その瞬間に反応してくれるためには。だから例えば石牟礼さんの番組（ETV特集「花を奉る　石牟礼道子の世界」）のファーストカットは、黒猫から始まってるんですけど。
福元　はいはい。
吉崎　それは、石牟礼さんは猫が好きで、命を感じるとおっしゃってるとか、水俣病の原因を解明するために行われた猫実験の話とか、そういう話もしていて。
福元　言わずともわかる。
吉崎　そうですね。そうしないとその瞬間の表情とかハプニングは撮れない。カメラマンは、それが仕事ですからね。この時も、たまたま、そこにいた黒猫に反応してくれた。
福元　逆に、ここんとこ撮ってくれって思うのに、撮らないカメラマンにイライラっとすることはなかったですか。

吉崎　それはありますね。

臼井　あります。ここ、なんで回してくれないんだろうとか。

福元　どうですか、臼井さんの場合は？　ドキュメンタリーにはカメラもとても重要ですよね。

臼井　ものすごく重要です。はい。吉崎さんと全く同じで、自分が何をまず描きたいのかっていうところの話、それは与太話も含めて日常的にやりますし取材に行く際は、「今日の取材の目的はこれだ」っていうことは話します。想定としてはこうだ。こういうことが起きると思われる。自分としてはこういうことを聞くつもりだ。これを狙いたいと思っている。こういう話を、一応します。

福元　はい。

臼井　そこで取材のコンセプトはお互いにわかっているという状況で現場に臨みます。あとはカメラマンのセンスです。見ていて足りないなと思ったら、自分が「これも撮ってくれ」と言うこともあります。面白いことに現実は必ず予想外のことが起きます。

福元　計算通りにいかない。

臼井　いきません。想定以上の感動的なシーンもしばしば起きるんで。そうなったらカメラマンのベースやセンスを信じてあとは任せていくっていう感じで。祈るような思いで見つめています。カメラマンに対して、ここ頑張りどころだろって。

神戸　カメラマンは固定ですか？　ドキュメンタリーを作る時。

臼井　ドキュメンタリーを作ることになれば固定です。

神戸　うちもだいたいそうですね。

福元　スタジオで撮ってるカメラマンとニュースを撮っているカメラマンとドキュメンタリー

を撮ってるカメラマンっていうのは別なんですか、それとも全部やっちゃうんですか。

神戸　スタジオと外は違います。はい。

福元　大体ニュースを撮ってる人はドキュメンタリーを撮るという感じ？

臼井　うちはそうです。

神戸　うちもそうです。はい。

福元　神戸さんの場合は、『イントレランスの時代』なんかの場面だと、ちょっともめる場面が多いじゃないですか。

神戸　はい。

福元　ああいう場合は、カメラマンをどういうふうに守るんですか？

神戸　東京報道部にはカメラマンがいないので、他局の人間にカメラを持たせていたのです。中国放送（広島）と北海道放送の東京報道部長に「カメラを持って来て」と言って撮ってもらった。

福元　カメラマン自身がかなり度胸の据わった人じゃないと。

神戸　まあ、状況をわかっていれば撮れると思います。人の目のある所では暴力を振るうのはなかなかできないですから。

福元　カメラマンに攻撃をかけるというのは。

神戸　映像で記録されちゃうでしょう。そんな危険なことはめったにないと思いますね。僕の会社でもカメラマンは固定します。カメラマンとの関係では、新聞記者と放送記者では全く違います。

臼井　うん。

神戸　新聞時代、五味と僕は一緒の現場に行っても、彼がどんな写真を撮っているか知らないこともある。紙面になって初めてわかるわけですよ。

福元　これ撮っといてくれって話じゃない？

神戸　もちろんそうだけど、どの写真を選ぶかは人によって違うじゃないですか。ところがテレビは、ちゃんと事前に下話はしとかないかん。僕もドキュメンタリーを作るときは、カメラマンを固定して、まず「この本を読んでから取材行こうか。全部読んで」というところからスタートします。カメラマンに読んでもらいます。

吉崎　僕もそんな感じです。

福元　ああそうですか。

神戸　よく理解をしてもらった上で、しょっちゅう議論をします。

福元　じゃあかなりカメラマンも、主体的に関わってる。

神戸　はい。だから逆に「こういうのが要るんじゃないの？」って言われて、「ああそうだね」って。こちらがアドバイスを受けることもあります。

福元　ベテランのカメラマンに若いディレクターが逆に指図されるという話は聞きますね。

神戸　ええ。若手の皆さんでもベテランカメラマンと組まされることが多いでしょう？

若手一同　基本。そうです。

李　基本、ベテラン。

福元　カメラマンの方が、場数踏んでるから、結構いろいろ、やりにくいでしょう？

金子　たまにカメラマンがインタビューしちゃう。

神戸　カメラマンがインタビューしちゃうの？

李　カメラマンがインタビューですか。

金子　僕が聞いてて、「ああそうなんですね」と言って終わったのに、カメラマンは続けて聞いてる。

神戸　足らねえよ、足らねえよ、って。

李　ははは。

金子　自分はカメラマンに「ああ、いいインタビューです、ありがとうございます」って言ったりして……。

一同　（爆笑）

金子　ていうときもありましたね。

神戸　先輩が育てるんですよね、現場で。若い記者・ディレクターにはベテランをつけて、補ってもらって、自分の足らないところを若手に理解してもらうということは、必要でしょうね。同じ原稿を書いても、担当カメラマンによって結果が全く変わる。ここはテレビの非常に魅力的なところだと、初めて番組を作った時に思いました。原稿、台本は僕が書いているけれども、カメラマンがいいカットを撮ってくれているから、そのカットを使うために原稿を書き加えていく。すると、僕が思ったよりいいものになってくるわけですね。で、ナレーションをプロが読むと、すごくて「うおーっ」と驚く。そしてＢＧＭがついて、さらに音効さんが音を整えてくれたら、「これは、俺が本当に作ったものなのか……」って思ったんですよ。

臼井　うん。

神戸　この台本は俺が確かに書いたけど、このレベルまできちゃうんだと。

臼井　ははは。

神戸　スタッフの力が重なると、どんどん上に昇っていっちゃうのが、放送の一番面白いところだと思いました。

福元　醍醐味というか。

臼井　そうですね。

神戸　それは新聞にはないんですよ。

臼井　うんうんうん、なるほどね。

神戸　周りのスタッフの力量や発想や瞬発力で、出来栄えがすっかり変わっちゃうんですよね。すごいことだなって思いました。

吉崎　まあテレビはね、１人じゃ作れないから。

編集の重要性

福元　そうすると撮った後の編集っていうか、

それはかなり重要というか。

吉崎　編集も大事ですよね。

臼井　編集のときって、非常に楽しいんですけども。

神戸　楽しい。

臼井　自分たちが撮ってきた素材、あるいは自分たちが構成したものに対して、どういう感想を言ってくれるかっていうこの瞬間が、私は最も緊張するんです。

神戸　うん。

臼井　編集マンは最初の視聴者、最初の目撃者なんですよ。どんな反応か。要するに面白いか面白くないか。

福元　ラッシュの状態で見る訳ですね。

臼井　そうです。「いいんじゃないですか」くらいに言われるとほっとするんですよ（笑）。その瞬間のために、必死に構成をするみたいなね。そこでまた編集マンからは、いろんな知恵とアドバイスをいっぱいもらうんです。映像の並べ方はこうだ、映像について「臼井さんはこれを使いたいと言ってるけど、こっちじゃないか」とかね。あるんですよ。

福元　編集マンはもちろん現場には行ってない。

神戸　行ってないですね。カメラマンが編集も担当した時以外は。

金子　編集マンの方が見て、自分の考えていた編集とは違った時に、取材に行ってる側として、こう、なんか悶々とするってことないですか？

臼井　必ず悶々とするんですよ。自分はこれだと思ってるから。でも最初の視聴者が「こっちがいい。こっちが面白いですよ。伝わりますよ」って言われたら、相当悩むけど、基本的にそっちに従ってきたような気がするな。振り返ってみたら。

福元　そちらの方がいい場合が多い？

臼井　はい。そんな感じ、私の経験は。

吉崎　僕らは現場の思いが入ってるんですよ。すごい苦労してこれ撮ったんだよとかね。

福元　当然、思い入れがあるから。

吉崎　ただ、それが客観的に見たら、別にって。

一同　（笑）

吉崎　あんなに階段上ってこのロング撮ったのにって。

福元　苦労がね。

吉崎　そうそう、若干バイアスが入っている。だからもうそれは編集マンの人が、客観的に見た方が、こっちの方がいいよってというのが正しいことが、まあ多いですよね。

音声の質で仕上がりが違う

福元　カメラと音声は別なんですか。同時録音なんですか。

臼井　基本的には別です。

吉崎　音声マンはいますね。

福元　これで変わることはあります？

臼井　そうあるべきです、常に。音は大切です。

神戸　音声にも「ピント」というものがあります。ピントが合っている音声だと、映像のレベルが上がるんです。

臼井　うん。

神戸　音声マンにすごい人がいるか、いないのか。比べた時には、映像の仕上がりが全く違うとは思います。ただ、それこそiPhoneで撮る時代でもあるわけですから音声マンが１００％常に現場で必要かと言われたら、そんな時代ではない。ただ本当に大事な取材のときに、ピントの合った音を録ってくれる。これは大きいですよ。

福元　対象が動いてたりする場合は、

神戸　そうです。とても重要。

福元　はい、はい。

吉崎　音はやっぱり大事ですね。
臼井　大事ですね、言葉、言葉。うーん、ほんとに。
吉崎　だから、音の方が大事って言っちゃ、またちょっと語弊があるかもしれないけど、結局映像があっても音がね。
神戸　そうです。テレビって、大事なのは映像だけじゃない、音こそ重要なんだと思いましたもんね。
臼井　音が重要というのは、自分の番組の構成を考えた場合にね、登場する人々の「言葉」で構成しているケースが意外と多いんですよ。振り返ると映像で構成するというよりも、言葉を並べていって構成している。後から映像が追いかけてくる。そういうパターンも多い。そういう意味でも音声をきちっと捉えて、とりわけ重要なインタビューや重要なシーンの時なんかは、音はちゃんと収録できているだろうかと思っていますね。
神戸　一度こんなことをやったことがあります。自分の住んでいる箱崎（福岡市東区）という町を、1年半くらいかけて撮って、1時間ドキュメンタリーを作ったんですけど、台本を僕は書かなかったんです。編集するにあたって、こういうシーンにこんなインタビューがあるから使ってほしいと、5分サイズのシーンごとに箇条書きにした。全部で紙1枚。そして、編集マンに「それぞれのシーンで、あなたの好きな音と映像を選んでください」と渡して、編集してもらいました。そして、後から台本上、必要なナレーション原稿を最小限書き加える。
臼井　なるほどね。
神戸　映像と音優先で編集をしてみたかったんです。僕は記者なので、つい活字で書いてしまう。だから、絵音《え・おと》優先で編集してみたかった。1枚紙だけで65分編集してくれて、それを削って55分の番組にしました。だから僕は、撮った映像素材を一切見ていないんです。

金子　もう撮ったきり？

神戸　撮ったきり。取材は行きましたが、見てない（笑）。超怠慢。

一同　（笑）

吉崎　僕は実は構成表とかは、すごいきっちり書くんですけど。

福元　そうですよね、吉崎さんはね、きっと。

吉崎　編集マンも、大体その僕が書いた構成に沿ってやってくれるんですけど、ただやっぱり音を重視して、基本的に現場の、伝わる映像と音を優先して繋ぐ（編集する）。撮れた映像で、構成表にこだわらずに変える。だから逆に理屈先行でやっちゃうと本当に面白くなくなってしまう。

福元　逆にですね、現実に撮ったものによって変わっていく。最初に頭の中で考えたことが、どんどん変容していくっていうことの面白さがありますよね。

吉崎　だから、ナレーションのコメントも、実際の現場の音がありますよね、会話とか、やりとりとか。できるだけそういう現場音を生かして、そこの合間に書くような気持ちで、書いてますよね、基本的には。

臼井　やっぱりそうですね。コメントは、当然なければないほどいいですね。

神戸　そうですね。

臼井　極力ないことを目指す。テレビの場合は。説明的な部分とか以外はできるだけない方がいいなと思って。

神戸　ノーナレ（ナレーションなし）でいけたら、一番いいですよね。

臼井　ノーナレが一番いい。

吉崎　話がちょっと飛びますけど、だから臼井さんの慰安婦の番組で、すごく現場の音や表情を生かしてありましたよね、コメント（ナレーション）じゃなくて。一番印象に残ったのは誕生日のシーンで、あの文さんの何ともいえない表情がね、感動しました。あそこは、コメントせずにじっと見せてるじゃないですか。ああいうところが伝わってくるものがすごくありますよね。だからそこはとても意識して繋がれてる（編集されてる）なと。

臼井　そうですね。あれは先輩である小林俊司カメラマンが撮ってくれた映像です。先程申し上げた通り、取材の方向としては確認していましたが、あのシーンもあのようなパーティになるとは思ってませんでした。ささやかながらも、美しい感動的なパーティでした。あのシーンのように文さんが歌い始めるとはよもや思わなかったから。もう慌てて、びっくりしてフォーカスしているんですけど、そこは小林カメラマンの実力の見せどころで、決めたサイズでずっと固定して、撮影を続けた。これは迷いがないなって強く思いました。

金子　カメラマンさんとか音声さん、ＣＡ（カメラアシスタント）さんが一緒にぞろぞろ取材に行くより、独りでデジで撮ってるときの方が聞きやすいと思う。クルーで行くと相手も緊張しちゃうんじゃないかと。そしてなぜか僕も緊張してすごい敬語になってたりすることがあって。今回のドキュメンタリー、カメラマンさんが撮っているなってわかるんですけど、すごい自然な感じで撮れてるのはなんでなんだろう？

臼井　それは、その前があるからじゃないですかね。関係性構築というか、信頼性とか。いきなりじゃないっていうかね、前段階がしっかりあるから、放送機材の取材でも自然に出来ると見るべきじゃないかなと思う。それぞれの努力っていうか、その上で切り結びがあってね。毎日放送（ＭＢＳ）の「情熱大陸」も小型カメラじゃないですか、手持ちのカメラじゃないですか。

あれはあれで、すごく生き生きした、いい取材ができていると思う部分も結構ありますけど。

神戸　でも、大事なインタビューを撮る時には、やはりプロのカメラマンに撮ってほしいと強く思うんですけど、どうですか。

金子　僕も大事なインタビューはカメラマンに撮ってもらった方がいいと思います。映像も綺麗だし、音もしっかり拾えている。でも相手との距離感がディレクターの手持ちのカメラの方が詰めやすいので、結果としていいコメントは一人で取材に行ったときに撮れることが多いです。取材相手にもだけど、こちらのスタッフのことも気になってしまうことが多くて。「そんなに長くインタビュー聞いてお前本当に使うのか?」って言われそうで。

福元　内輪に対する気兼ねみたいな。

神戸　金子君は、普通のインタビューで一番長い取材ってどのくらいだった?

金子　1回だけですけど、デジで行った時で3時間です。

神戸　お、デジカメで3時間! なかなかそれはすごいな。でも、長いインタビューをカメラマンにずっと耐えさせるのは、僕も悪いなと思うんだけど、必要だったらやるしかない。

臼井　終わったら必ず言われてましたもん、先輩カメラマンから。後輩の樋口カメラマンは言わないけど(笑)。怒られてますよ、「お前、長いな」って(笑)。「いや、でもそれ聞きたいです」って言って、はい。

神戸　そりゃ事前にわかんないですからね。「今日は3時間撮りますから」とは言わない(笑)。

臼井　言ってないですよ。さっき言った通り同じ質問を繰り返しているんですよね。「同じことばっかりじゃないか」とか。いや、それはこっちとして目的があるからと。

吉崎　多分、カメラマンとの関係性ですね。もうちょっとやれば関係も変わってくるだろうけど。若い頃はやっぱり大変だよね。

金子　取材対象の方から、カメラクルーのことはどう見えてるんだろうなっていうことが気になる。カメラクルーの存在が機械的に見えてるんじゃないかなって。

吉崎　やっぱり、スタッフの人も一緒に必ず紹介したり、空いた時間があったら、取材相手と話してもらったりとか。まあ、そういう感じができればより自然に撮れると思いますけど。特に、カメラマンとかね。相手にカメラを向けるわけだから。

福元　そういうクルーとの関係って大事でしょうね。

臼井　大事ですね。

吉崎　でも確かに、若い頃とか悩みますよね。僕は東京にいるとき、情報番組にいたんですけど。東京だともう、1回番組やるごとに、カメラマンが変わる。今回は何日間か過ごして、また次のロケは別の人。もうほとんど2度と会わないぐらいの感じでした。組織が大きいから。時には頑固なベテランのカメラマンがくるわけですよ。で、いくら外観を撮ってくれって言っても、なんで撮る必要があるんだって言って撮ってくれない。

一同　（爆笑）

吉崎　でも、とにかくこの何日間かを過ごさなきゃいけないから、あんまり言えないわけですよ。

福元　機嫌を、損ねたらいかんと。

吉崎　そうそう。とにかくこれを乗り切るためにという感じで過ごすから。例えば、初任地の熊本局だったら、同じ人に絶対また会うから、喧嘩になっても、話さなきゃいけないけど、東京の場合はそれはない訳です。だから、正直に言うと、いい番組というか、深まりのある番組を作れる気はしなかったです。もちろん、もう少し自分がベテランになったり、優秀な人だったりしたらすごくいいカメラマンをつけてくれるとか、大きな番組になればそういうのができたとは思うし、それをやってる人もいると思いますけど。

福元　それは、グループとしてのですね。あまり組織的な感じでやってたらやっぱりいい番組できないですよね。

ドキュメンタリーで何を伝えるか

福元　延々と続きそうですが、なかなか面白いんですけれども、そろそろ締めようと思います。それで先輩3人の方にですね、ドキュメンタリーで伝えたいことと、ドキュメンタリー作る意味というふうなこともテーマにあるんですが、どういうつもりで、どういうつもりじゃないな。ドキュメンタリーで、一体何を伝えたいのか。神戸さんからお願いします。

神戸　うーん……難しいですけど、僕は記者でもあったし管理職でもあったので、ドキュメンタリーってそんなに何本も作れない。何年かに1本みたいな感じだったんです。でも、どの番組を見ても、一人称のセルフドキュメンタリーでなくても「当時何歳の僕がここにいるな」と感じることが多いんです。「まだ30代前半だったもんねー」とか。「今だったら、違う取り組み方をしてたかもしれない」なんて考えると、自分が写り込んでいないのにも関わらず、そこに自分がいるような気がするんです。制作順に番組を並べていくと、自分の経てきた人生が出てるんです。とても不思議なことだし、怖いことでもあるし、すごいことでもあるなと思うんです。何年かに1本かもしれないけど作れてきたのは、とっても良かったなと思っています。

もう一つは、放送だからこそ、カメラマンとか編集マンとかの力があって、すごいものができると言いましたけれども、逆もある。最後、ナレーションの原稿を書いていくときに、僕でなくて他の人だったらまた最後の最後の詰めが違うと思うんです。だから僕はいつも台本を最後まで持って、本当にこの言葉でいいのかってずっと磨いていく。カメラマンや編集マンがここまでしてくれたものを、最後にもう1回磨き上げて作品にするのは、「ディレクターの言葉」だろうと思っているんです。つまり、活字です。

僕はあるときにそう気づいて、「新聞記者出身の僕でもできるのではないか」と思ったんです。最後に言葉を磨くのは、人よりもできるはずだ、と。だからずっと言葉に悩む。ここでもうひと磨きしたら、番組がワンランク変わるのではないか、と。制作者が最後にこだわりを持つということが可能で、職人の気質で仕事ができる、すごい現場だなと僕は思っています。

福元　ドキュメンタリーっていうのは、ある意味で作家性があるってことですか。

神戸　それはそうですね。最後はそうなりますね。どんなに客観的にやったって、他の人が作ったのとは全く違う番組になってしまう。短いニュースにだって、その記者の人間性が出てくると思っています。

福元　言葉が大事なんだと。

神戸　僕は、最後は放送も言葉だと思っています。言葉というのは「音の元」なんだよね。最後まで言葉を磨きたいと思っています。

福元　吉崎さんいかがですか。

吉崎　ドキュメンタリーを作る意味って、例えば神戸さんの『イントレランスの時代』とか、臼井さんが作られた慰安婦の番組や、水俣の番組も同じですが、神戸さんの番組のタイトルで使われている『スクラッチ』って言葉で言えば、線引きされて、隔てられて、分けられた人たちを何とかみんなに伝えたいっていう作業をしてるのかなと思いました。それってなんだろうなとずっと考えてたら、分ける、分断するっていうことの反対。結局、「繋げる」っていうことを僕らはしてるんじゃないかなと。「繋げる」っていうのがドキュメンタリーなのかなって。

福元　分断の逆。

吉崎　分断の逆をしようとしてるんじゃないかと。人間関係や他の地域のことを調べるといった横の繋がりだったり、歴史や背景を調べるという縦の関係だったり。１つ１つの、例えばニュースとか出来事じゃわからなかったことが、ドキュメンタリーを作って、繋げることによって、その背景や経緯もわかる。番組を作ることでこの世の中と、そういう隠されようとしていたり、追いやられようとしたりしてる人たちの関係も繋げようという作業を僕らはしてるのかなあと思います。

福元　問題を掘り下げることで、そういう分断だとか格差とかいろんな問題を繋げていくことの何かを、このドキュメンタリーを作ることで提示していくといいますか、そういうことですかね。

吉崎　はい。だから、違うもの、違う人たちと出会う、それから繋がるっていうことがやっぱり大事といいますか。今日こうやって、集まったことも、これも何か新しい出会いと繋がりだと思うんですよね。若い３人の方たちが今日の話を聞いて、何か今後に繋がっていく可能性もあるし、そういう新しいものと出会うと何かが生まれると思うんですよ。逆に分断したり、隔てられたりすると、そういうものが失われるというか、生まれない。

福元　現象を伝えるだけではなくて、現象の根源を突き詰めることで、それを快復させるっていいますか。

吉崎　そうですね、何かそういう繋げるっていうことは、こんな時代だからこそより一層、必要かなと。これからも、繋げることを自分もやっていきたいなと改めて思いました。

福元　臼井さんいかがですか。

臼井　そうですね、ドキュメンタリー作る意味ということになると、使命としてのドキュメンタリーということと、私《わたくし》としてのドキュメンタリーという2つがあると思っています。神戸さんと吉崎さんが、共感することを語ってくれたんで、私は何を語ろうかと思っているんですけども、私はニュースの現場で基本的に生きてきたものですから、相当な事案、人との出会いに恵まれて自分自身いろんなこと考えてきたし、世の中のありようや今、時代がどういうものであるのかっていうことを見てきたつもりなんですけども。

さっき神戸さんも言った、ジャブとストレートの話ってその通りだなと思いました。

いろんなことが起きる中で、テレビジャーナリズムの最終的な帰結として、ドキュメンタリーは外してはならない。ドキュメンタリーという作品自体の表現の機会っていうのは、そう多いわけではないし、なかなか作るのは難しいけども、これを失うと、前段階のニュースの取材とか表現の大事な部分を失ってしまいかねないというふうなことを思っているんです。つまり、ドキュメンタリーに行きつくまでの道のりは、深掘りをすること、いろいろな話を聞き悩むこと、それを自分で構成することです。それを通じて磨かれます。組織としてもドキュメンタリーを打ち出していく責務っていうのはデイリーのもの（ニュース）とはまた違った使命があると思っています。目立たないけれども、心臓部としてのドキュメンタリー。絶対これを外してはいけないというふうに思います。

私としてのドキュメンタリーというのは、こんな素晴らしい時間をもらえるのはありがたいという意味で、人間のありようを見るというのか。どの方に会っても、素晴らしいとかすごいと思ってしまうもんですから……。本書にも書きましたけども、事件の不正捜査を受けたね……冤罪を受けかねなかった当事者の眼差しなんて今思い出してもすさまじいものがありました。人間ってこういうふうになるんだと。権力に押さえつけられようとする人間というのはこういうふうになるのかと。権力とはどれほど恐ろしいのかっていうのを見せつけられたものがあって、そういう方の話に耳を傾ける。自分自身も問われる中で、どれだけ切り結べるのかっていうところが、私《わたくし》の話になってくるんですね。だから、そういう時間が歩めるということは自分が生きる意味みたいなところも問えるし、自分自身の来し方っていうかね、そこにも繫がってくるんで、…ぜひこれをやって欲しいなっていうふうに思うんですね。この味わいをわかって伝えるニュースの現場は、より見えるものが変わってきて深みや面白みが増してくると思うんです。そういう意味でもドキュメンタリーを大切にしてほしい。心から思います。

困難な時代に

福元　じゃあ、今日は本当に長い時間でしたけれども、若い方々、先輩の話を聞いてですね、最後に一言ずつ感想を話してください。

李　今日は大変ありがとうございました。制作した方に会えるっていうのだけでもすごい光栄でした。今日いろいろお話聞いてみて、なんかずっと仕事として取り組まなきゃって思っていたのが、そういうふうに1年生を過ごしてきた自分が、今日なんというか本当に核の部分…。ドキュメンタリー制作する上でどういう心持ちでどういうふうに皆さんが取り組まれてきたのかっていうのを、こと細かく聞けたことによって、ちょっと明日から来週から自分の仕事への取り組みのモチベーションが変わるだろうなってすごい思いました。それを感じただけでも今日はだいぶ自分の中では大きな収穫だったなと思っています。こういう機会が沢山あるといいです。

福元　じゃあ、金子さん。

金子　ありがとうございました。お話をうかがって、ネタとして取材相手に接するんじゃない、人として接する……当たり前って言ったら当たり前なんですけど、いざ毎日の仕事ってなってしまうと、「おっ、これはこういう番組になりそう」とか無機質に考えてしまうことがあります。先輩方のドキュメンタリーを見て、その制作の裏側を皆さんから話を聞いて、インタビューされる取材相手、それを撮影するカメラマン、音声さん、そしてインタビュアーの自分、役割は違うが全員が人。人のつながりを大事にしなければと思いました。そのことを忘れずに「話を聞く」という自分の仕事をしなければと思いました。

「話を聞く」ということに関連して……最近結婚した妻の弟が生まれつき脳性麻痺で、言葉をしゃべれないんです。これまで何度か会う機会があって、電話もするんです。最初は本当に何を話しているかわからなかった。でも、毎日電話をしていると、段々耳が聞こえてくる（何を言っているか分かってくる）。そうすると義母に「〝聞き耳ずきん〟が金子くんもできてきたね」って言われました。相手が何を伝えたいのか聞こえてくる人間どうしの関係、こういう「聞く積み重ね」を仕事に、ドキュメンタリーに生かせるといいのかなと、今日改めて感じました。勉強になりました、ありがとうございました。

福元　ありがとうございました。じゃあ、東さん。

東　ありがとうございました。いろんな世代の方々と系列の垣根を越えて、ドキュメンタリーに特化して話すことってなかなかないので、非常に貴重な経験になりました。私が普段、どんなものを撮りたいとか作りたいかと聞かれたときに、人を描きたいっていうことを思っています。ある事象を取り上げるにしても、その人の生きざまとかその人に共感してもらえるようなものにしたいなっていうのを、思っているところです。今日の話を聞いていて、結局ドキュメンタリーも人なんだなっていうのをすごく感じました。ドキュメンタリーって、あるテーマとか社会事象を掘り下げていくから、慰安婦だったり、自閉症だったり水俣病というキーワードが出てくるけれども、やっぱそこには人がいて、人が主役で、その「人」から感じるものが多い。だから、そこはずっと大事にしていかないといけないし、日々いろんな取材を繰り返していく中で、それこそさばいていくものもある中で、出会いであったり、その人と会話して、その人とどこまで向き合って、どういったものを描いて、いろんな人に伝えていけるかっていうのは、すごく大事にしていかないといけないなと思いました。

視聴者としては、僕が作った番組でも皆さんが作った番組でも変わらないというか、同じ目線で見るものだと思う。そうなったときに、若手が番組を作ったときに、語弊なく言えば、どこでベテランに勝てるかなというものを考えてみる。さっき李さんの話もありましたけど、今はYouTubeとかスマホをよく見ている人たちに長いドキュメントを見てもらうっていうのが必要になる時代。いいドキュメンタリーを作って、そこからいろんなことを見た人に感じてもらう、社会も変えていく、っていうドキュメンタリーの目指すものがあって、僕らはそこに、いかに見てもらうか、見始めたドキュメンタリーをいかに最後まで見てもらうかっていう視点をもつことが大切だと思います。

それをしかも年配の方じゃなくてスマホを見ている人たち。スマホやNetflixとかをずっと見ている人たちにどう見てもらえるか。若手としてここを考えていく。いいものを作ったときに、それを老若男女に見てもらえる方法を考えていかないといけないし、そこを考えることで、いわゆるドキュメンタリーのレジェンドの制作者たちよりも、良いものを作る可能性があるんじゃないかなと。それがこれからのドキュメンタリーを良くしていくものになるのかなというふうに感じました。

福元　ありがとうございます。

今日は本当に長い時間ありがとうございました。世の中は経済至上主義で、それこそ不寛容の時代で分断が深化していますが、それはまずいと思ってる人たちもたくさんいるわけです。それだけに、これからのジャーナリズムの役割は重要になると思います。テレビも新聞も困難な時代を迎えると思いますが、そのなかで、ドキュメンタリーというのは、その核になるべきではないかと思っています。若い方々には、これから厳しいジャーナリズムの世界を生き抜いて、素晴らしい作品を作っていただければと思います。本当に今日はありがとうございました。

一同　どうもありがとうございました。

［エピローグ］ドキュメンタリーの未来、変わる時代の中で

臼井　賢一郎（九州朝日放送＝ＫＢＣ・プロデューサー）

今回の出版の話を頂き、１年以上にわたって石風社の福元満治代表の下、ＲＫＢの神戸金史記者、ＮＨＫの吉崎健ディレクターと様々に話をする機会を得た。本書でも度々言及しているが、制作者の３人は、拠って立つところが異なる。取材対象も異なり、制作アプローチも異なる。だからこそ、この１年あまり、それぞれが放つ言葉はどれも面白く、刺激的で、響き合う時間となった。

３人の主な原稿が整ってきたところで開いた座談会では「今、ドキュメンタリーを作る意味」をテーマとし、各社の若手ディレクター、記者たちを招いた。

討論にあたって、３人が制作した所謂「推し」の作品を事前に視聴し、感想や思ったことを整理した。作品を見てもらうことと私たちの「原点」に目を通してもらうのは若手制作者たち３人にもお願いした。

そのドキュメンタリー番組をなぜ制作しようと思ったのか。制作時に何を考えたのか。何に響いたのか。制作後、自身の何が変わったのか。取材させてもらった人々を今、どう考えているのか。

執筆と座談会に際して自分の作品を振り返る作業に身を投じた。

第2章と第4章の座談会で読んで頂いたように、制作する喜びは無論、悩みなども隠すことなくあけすけに語っている。同じ職場の制作者仲間たちともこれほどまで深く、正直に語り合ったことはあっただろうかとも思った。


3人が語るエピソードは随分と古いものも多い。しかし、その内容は極めて具体的で、刻印された克明な記憶に基づいている。皆、語り口は熱く、眼差しもキラキラと輝いていた。

何よりも強く思ったことは、番組を語りながら、同時に自分自身のこと、「自分史」を語っていることだった。それぞれがあたかも旅を終えて、旅の素晴らしさや厳しさを語るという具合だ。NHKの吉崎健ディレクターは、水俣病の取材に関して、「社会の縮図を水俣に見た。取材を通じて、『自分はどうやって生きていくのですか?』と問われた」と語った。その上で、「番組を最も見て欲しい人は取材させてもらった人。『この人がいる』ということをちゃんと伝えたい」と言い切る。

RKBの神戸金史記者は、「半径1メートルの世界の描写」と自身が言うように、セルフドキュメンタリーの意欲的な秀作を連発する唯一無二と言える存在だ。神戸記者は、社会の不寛容という表現が大変難しいテーマに果敢に挑み、「私的になるしか表現の突破口がない。従って1人称になる」と言い切った。

覚悟を決めて、生身の身体性を晒す。命を削る思いで、現場で踊り、格闘し、呻吟する。そんな経緯を経て仕上がったドキュメンタリーが面白くないはずはない。

ドキュメンタリーを巡っては、特に民間放送では、深夜帯や在宅率が低い時間にひっそりと放送されているケースがあまりに多い。それでもドキュメンタリーは、地方や日本が直面する課題を告発し、人間が生きる上で共感できる普遍性を様々に表現し、問い続けている。あらゆるメディアの中でも最上級の表現であると言いたい。

私はドキュメンタリーこそがテレビジャーナリズムの努力の帰結であり、核心だと考えている。時間も手間もかかるドキュメンタリーを止めてしまうのは容易である。

時間も手間もかけないとどうなるのか。日々の取材のひとつひとつがきっと弱くなる。そして、ニュースをはじめとする番組の訴求力は自ずと下がる。これが続くと、放送局が果たすべき地域への責任、更に言うと、地域の民主主義を育む一助となる放送としての根幹の義務が果たせないことになる。

結局、放送メディアにいる我々自身が手痛いしっぺ返しを食らい、放送メディアの存在と歩みを止めてしまうことになると考えている。

時代背景や社会情勢の認識と理解、取材する人々との関係構築と信頼性の醸成、対話する力、鋭敏な感性と綿密な取材力、言葉の推敲、ち密な構成力。ドキュメンタリーの制作は、企画の発案から完成まで記者やディレクターをはじめ、プロデューサー、カメラマン、編集担当、音効担当、美術担当に至るまで多くを要求してくる。

要求にこたえることは放送メディアとしてのテレビの総合力を示すこと、更には向上させることに繋がる。

では、テレビの総合力とは何か？

ＲＫＢの神戸記者は、座談会で若手制作者たちに仕事をボクシングに例えた。「責任を果たすという意味でのジャブは重要だが、ジャブばかりで楽しいか？時にストレートをドーンと打ち込みたいと思わないか？」と、まさに〝ストレート〟に問うた。

知られていない蠢きを知らせる。莫とした、もやっとしたものを可視化する。事案の複雑な構図を解きほぐす。いずれも深く掘った取材がないと成立しない。

何のために放送の現場にいるのか。何のためにジャーナリズムの現場にいるのか。予測を超えるリアルが溢れている現場で何もしなくて平気なのか。このような根本的な問いかけであり、激励だったと受け止めている。

ＮＨＫの吉崎ディレクターは、社会の現実は「隔てる」、「分断する」という断片が溢れていると看破する。その上で、ドキュメンタリーはその反対側にある「繋げる」ものと強調する。事案の背景、人間関係、歴史など様々な断片について、ニュースではわからなかった「分断」をドキュメンタリーが包み、繋げることで本質が分かるようになると説いて見せた。

座談会を終えて、ＮＨＫ入局2年目の李有斌ディレクターは「テレビの核の部分を確かめることが出来た。自分がやりたいことをやりたいって言っちゃえばいい！」と笑顔で語り、ＲＫＢ入社3年目の金子壮太ディレクターは、「わからないことに立ち向かう勇気を得た。その後押しになる感情の高まりが必要だ！」と力強く語った。偶然の縁で出会った若い世代との対話を通じて、「共感」と「繋がり」があったことをとても喜ばしく思う。

入社4年目のKBCの東大貴記者は提言をしてくれた。スマホやユーチューブを日常的に見ている若いユーザーに対して、「見始めたドキュメンタリーをいかに最後まで見てもらうのか。そのための番組の作り方を考えなければならない」と指摘した。

テレビを見なくなったとされる若者は、好きな時に、自由に、縛られずに見たいというスタンスを重視する。この若者たちは、ドキュメンタリーが決して固く、見づらいものとは考えていないのではないか。

実際、動画配信サービスを通じて、タイミングや番組の長さも自由に柔軟にした配信も取り組まれ、何千万、何百万もの視聴回数を記録するドキュメンタリーも出てきた。テレビのコンテンツを見てもらうための努力。クラシカルなものから前に進ませる努力。東記者の意欲は、テレビメディアに生きる我々誰もが追求していかなければならないものだ。

今、テレビメディアを語る上で、業界全体がシュリンクしていくという危機意識が喧しい。私はとんでもないことだと思う。

テレビの歴史が脈々と積み重ねてきた重みは計り知れない。信頼できる良質のコンテンツを出し続けていくことで縮小することには決してならないと強く思っている。

その文脈で、「努力の帰結」としてのドキュメンタリーが控えているということはとても意味がある。

ドキュメンタリーで終わるという目標を持ち、日々制作することは、テレビの信頼性に繋がっているといっても過言ではない。頼れるテレビ。困ったときに支えてくれるテレビ。例えば、災害など緊急時に欠かせない、かけがえのない存在としてのテレビにも繋がっているのではないだろうか。

近年、長年追いかけたドキュメンタリーを映画化する動きも活発となっている。こうした作品がじわじわと共感を呼び、支持を広げ、大きなブームになっているケースもある。

日々の取材を重ねる中で、今日的で魅力あるドキュメンタリーを生み出さなければならない。

本書は九州にある民間放送、RKB毎日放送と九州朝日放送の記者・プロデューサーと九州で生きることを敢えて選択したNHKのディレクターが執筆した。

日本の課題はまず、地方にその姿を見せる。メディアにいる私たちはそれを嗅ぎ取り、丹念に掬い上げ、伝えなければならない。

腰を据えて、人間としっかりと対話する取材は地方での実践に優位がある。地方のジャーナリズムは、同じテーマに長い期間関わることが出来る優位もある。取材対象者と「切り結ぶ取材」は、地方でこそ高いレベルで実現できる。このことをもう一度強調しておきたい。

私自身のことをもう少し書かせて頂くが、私は1998年1月から2001年の9月までテレビ朝日系列のベルリン支局長としてヨーロッパ特派員を担った。共通通貨ユーロの導入、ロシアのウクライナ侵攻の要因のひとつとも言えるＥＵ欧州連合とＮＡＴＯ北大西洋条約機構の東方への拡大、コソボ紛争に伴うユーゴスラビアへのＮＡＴＯによる空爆、ユーゴ・ミロシェビッチ大統領独裁政権に対する市民革命、統一ドイツの苦悩など世界のビッグニュースを取材する機会が続いた。特派員時代に意識したのは、その時々の政治状況はいうまでもなく、地政学や歴史を踏まえて、その地に生きる人々をしっかりと取材すること。一報、続報のレポートに留まらず、「特集ルポ」を送ることだった。番組の特集枠に送りこんだルポは、それなりの本数だったと考えているが、ここでも仕事のベースは、「地方で培ったアプローチ」、ニュース取材からドキュメンタリーに帰結させる意思だったと考えている。腰を落ち着けた地方での実践は、取材の場を世界に移しても変わらなかったとの自負がある。

冒頭、ＲＫＢの神戸記者が紹介した「九州放送映像祭」の立ち上げに関わった各局の先輩世代が、30年以上前に語っていた言葉がある。

番組コンクールの激戦地の九州地区を指して、「けんかの場」と呼んでいた。

シンプルだが深い意味がある言葉だと感じた。

九州の熱に溢れた志高い制作者たちが、地方と日本の課題をあぶり出すドキュメンタリー番組を通じた「けんか」が出来ることは極めて健全なことである。

臼井　賢一郎（うすい・けんいちろう）
1964年神奈川県生まれ。1988年九州朝日放送入社。テレビ朝日系列ベルリン支局長、報道部長、テレビ編成部長、報道局長などを経て現在、解説委員長。主な番組に「汚辱の証言〜朝鮮人 従軍慰安婦の戦後」（1992・地方の時代映像祭優秀賞）、「捜査犯罪〜白紙調書流用事件の構図」（1995・日本民間放送連盟賞最優秀、ギャラクシー奨励賞、テレメンタリー最優秀賞）、「誇りの選択〜従軍慰安婦の51年」（1997・平和共同ジャーナリスト基金賞）、「癒されぬ終わりの日々」（1997・日本民間放送連盟賞優秀）、「沖ノ島〜藤原新也が見た祈りの原点」（2017・ワールドメディアフェスティバル銀賞、ギャラクシー奨励賞）、「良心の実弾〜医師・中村哲が遺したもの」（2021・ワールドメディアフェスティバル銀賞、ニューヨークフェスティバル入賞、平和共同ジャーナリスト基金賞、PROGRESS賞最優秀賞）、「約束〜マエストロ佐渡裕と育徳館管弦楽部奇跡の4年」（2022・日本民間放送連盟賞優秀）など。

吉崎　健（よしざき・たけし）
1965年熊本県生まれ。1989年ＮＨＫ入局。熊本、東京、長崎、福岡、熊本での勤務を経て、現在、福岡放送局エグゼクティブ・ディレクター。主な番組に「写真の中の水俣〜胎児性患者・6000枚の軌跡〜」（1991・地方の時代映像祭優秀賞）、「長崎の鐘は鳴り続ける」（2000・文化庁芸術祭優秀賞）、「そして男たちはナガサキを見た〜原爆投下兵士56年目の告白〜」（2001・アメリカ国際フィルム・ビデオ祭・クリエイティブ・エクセレンス賞）、「“水俣病”と生きる〜医師・原田正純の50年〜」（2010・地方の時代映像祭優秀賞）、「花を奉る　石牟礼道子の世界」（2012・早稲田ジャーナリズム大賞）、「原田正純　水俣　未来への遺産」（2012・放送文化基金テレビドキュメンタリー番組賞）、「水俣病　魂の声を聞く〜公式確認から60年〜」（2016・放送文化基金奨励賞）など。芸術選奨文部科学大臣新人賞（2014）。水俣の取材を30年以上続けているほか、長崎原爆、熊本地震、諫早湾干拓など、地域と人を見つめ続けている。

神戸　金史（かんべ・かねぶみ）
1967年群馬県生まれ。1991年に毎日新聞に入社直後、長崎支局で雲仙噴火災害に遭遇。福岡総局に異動後、1999年から2年間、ＲＫＢ毎日放送に出向し、放送記者を体験。2000年にドキュメンタリー『攻防蜂の巣城　巨大公共事業との戦い4660日』を制作、放送文化基金賞で入選した。新聞復帰後、東京社会部在籍中の2004年に障害児の父の立場で連載記事を掲載。ＲＫＢに転職した2005年に『うちの子　自閉症という障害を持って』としてテレビ番組化した。報道部長、テレビ制作部長などを経て、東京報道部長。やまゆり園事件の犯人と接見し、ラジオ『SCRATCH　線を引く人たち』（2017）と『SCRATCH　差別と平成』（2019）、テレビ『イントレランスの時代』（2020）を制作。出版やＳＮＳも含めた同事件に関する表現活動で日本医学ジャーナリスト協会賞大賞とギャラクシー賞選奨（報道活動部門）を受けた。現在、報道局担当局長、解説委員副委員長・ドキュメンタリーエゼクティブプロデューサー。

ドキュメンタリーの現在
九州で足もとを掘る

二〇二三年四月三十日初版第一刷発行

著　者　臼井賢一郎
神戸金史
吉崎　健

発行者　福元満治
発行所　石風社
福岡市中央区渡辺通二―三―二十四
電　話　〇九二（七一四）四八三八
ＦＡＸ　〇九二（七二五）三四四〇
https://sekifusha.com/

印刷製本　シナノパブリッシングプレス

ISBN978-4-88344-317-8　C0095

＊表示価格は本体価格。定価は本体価格プラス税です。

中村　哲

ペシャワールにて［増補版］　癩《らい》そしてアフガン難民

数百万人のアフガン難民が流入するパキスタン・ペシャワールの地で、ハンセン病患者と難民の診療に従事する日本人医師が、高度消費社会に生きる私たち日本人に向けて放った痛烈なメッセージ

【8刷】1800円

中村　哲

ダラエ・ヌールへの道　アフガン難民とともに

一人の日本人医師が、現地との軋轢《あつれき》、日本人ボランティアの挫折、自らの内面の検証等、血の吹き出す苦闘を通して、ニッポンとは何か、「国際化」とは何かを根底的に問い直す渾身のメッセージ

【6刷】2000円

中村　哲

医は国境を越えて

＊アジア太平洋賞特別賞

貧困・戦争・民族の対立・近代化——世界のあらゆる矛盾が噴き出す文明の十字路で、ハンセン病の治療と、峻険な山岳地帯の無医村診療を、十五年にわたって続ける一人の日本人医師の苦闘の記録

【9刷】2000円

中村　哲

医者 井戸を掘る　アフガン旱魃《かんばつ》との闘い

＊日本ジャーナリスト会議賞受賞

「とにかく生きておれ！　病気は後で治す」。百年に一度といわれる最悪の大旱魃に襲われたアフガニスタンで、現地住民、そして日本の青年たちとともに千の井戸をもって挑んだ医師の緊急レポート

【14刷】1800円

中村　哲

辺境で診《み》る 辺境から見る

「ペシャワール、この地名が世界認識を根底から変えるほどの意味を帯びて私たちに迫ってきたのは、中村哲の本によってである」（芹沢俊介氏）。戦乱のアフガニスタンで、世の虚構に抗して黙々と活動を続ける医師の思考と実践の軌跡

【6刷】1800円

中村　哲

医者、用水路を拓く　アフガンの大地から世界の虚構に挑む

＊農村農業工学会著作賞受賞

養老孟司氏ほか絶讃。「百の診療所より一本の用水路を」。百年に一度といわれる大旱魃と戦乱に見舞われたアフガニスタン農村の復興のため、全長二五・五キロに及ぶ灌漑用水路を建設する一日本人医師の苦闘と実践の記録

【9刷】1800円

ジェローム・グループマン
医者は現場でどう考えるか
美沢惠子［訳］

「間違える医者」と「間違えぬ医者」の思考はどこが異なるのだろうか。臨床現場での具体例をあげながら医師の思考プロセスを探索する医療ルポルタージュ。診断エラーをいかに回避するか――患者と医者にとって喫緊の課題を、医師が追求する

【7刷】2800円

大嶋　仁
科学と詩の架橋

科学を絶対とする近代文明に詩を取り戻せるか――シモーヌ・ヴェイユ、レヴィ＝ストロース、寺田寅彦、岡潔、宮沢賢治……五人の思想家をめぐる知の探究。諸悪の根源は近代科学の元祖デカルト!?

2500円

臼井隆一郎
アウシュヴィッツのコーヒー
コーヒーが映す総力戦の世界

「戦争が総力戦の段階に入った歴史的時点で（略）一杯のコーヒーさえ飲めれば世界などどうなっても構わぬと考えていた人間が、どのような世界に入り込んで苦しむことになるかの典型例をドイツ史が示していると思われる」（「はじめに」より）

【2刷】2500円

渡辺京二
細部にやどる夢　私と西洋文学

少年の日々、退屈極まりなかった世界文学の名作古典が、なぜ、今読めるのか。小説を読む至福と作法について明晰自在に語る評論集。〈目次〉世界文学再訪／トゥルゲーネフ今昔／『エイミー・フォスター』考／書物という宇宙他

1500円

石牟礼道子
［完全版］石牟礼道子全詩集

時空を超え、生類との境界《あわい》を超え、石牟礼道子の吐息が聴こえる――。二〇〇二年度芸術選奨文部科学大臣賞受賞『はにかみの国』大幅増補。遺稿「ノート」より新たに発掘された作品を加え、全一一七篇を収録する四四四頁の大冊

3500円

宮内勝典
南風《なんぷう》
第16回文藝賞受賞作

夕暮れ時になると、その男は裸形になって港の町を時計回りに駆け抜けた。辺境の噴火湾（山川湾）が、小宇宙となって、ひとの世の死と生を映しだす――著者幻の処女作が四十年ぶりに甦る

1500円